iCourse·教材

国家级一流本科课程主讲教材

土建图学习题集

主　编　王子茹　何援军
副主编　张　帆　邱　冰

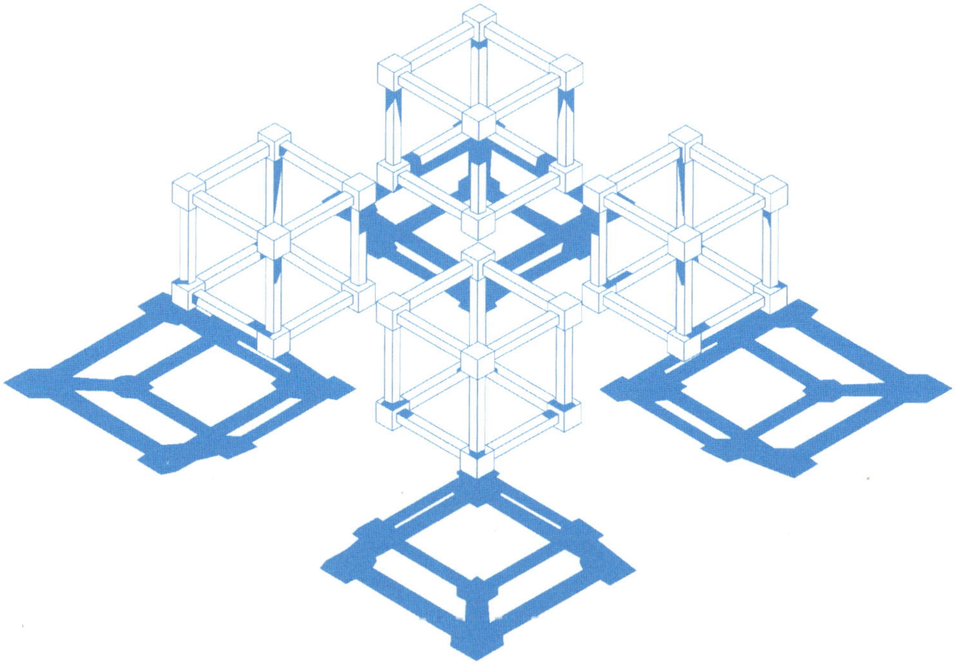

中国教育出版传媒集团
高等教育出版社·北京

内容提要

本习题集是根据教育部高等学校工程图学课程教学指导分委员会2019年制订的《高等学校工程图学课程教学基本要求》以及最新发布的有关专业制图国家标准编写而成的，与王子茹、何援军主编的《土建图学》教材配套使用，与教材的编排顺序保持一致。

习题集中的第1章至第7章为制图基础部分的练习题，强调学生空间思维能力、对图形的阅读与表达能力的培养，加强学生对投影理论与投影方法的运用能力。第8章至第13章为土建制图部分的练习题，按建筑施工图、建筑结构施工图、建筑设备施工图、道路工程图及水利工程图分类编排。本习题集题型多样，题量充足，可根据教学情况选择练习。

本习题集可作为高等学校建筑类、土木类等专业的教材，也可供工程技术人员参考使用。

图书在版编目（CIP）数据

土建图学习题集 / 王子茹，何援军主编 . -- 北京：高等教育出版社，2024.6

ISBN 978-7-04-061669-9

Ⅰ . ①土… Ⅱ . ①王… ②何… Ⅲ . ①建筑制图－高等学校－习题集 Ⅳ . ①TU204

中国国家版本馆CIP数据核字（2024）第029864号

Tujian Tuxue Xitiji

策划编辑 李文婷　责任编辑 李文婷　封面设计 王 鹏　版式设计 徐艳妮
责任绘图 黄云燕　责任校对 高 歌　责任印制 沈心怡

出版发行 高等教育出版社
社　　址 北京市西城区德外大街4号
邮政编码 100120
印　　刷 辽宁虎驰科技传媒有限公司
开　　本 787mm×1092mm 1/16
印　　张 18
字　　数 210千字
购书热线 010-58581118
咨询电话 400-810-0598
网　　址 http://www.hep.edu.cn
http://www.hep.com.cn
网上订购 http://www.hepmall.com.cn
http://www.hepmall.com
http://www.hepmall.cn
版　　次 2024年6月第1版
印　　次 2024年6月第1次印刷
定　　价 36.30元

物 料 号 61669-00

前　　言

本习题集是根据教育部高等学校工程图学课程教学指导分委员会2019年制订的《高等学校工程图学课程教学基本要求》以及《房屋建筑制图统一标准》等最新发布的有关专业制图国家标准编写而成的，与王子茹、何援军主编的《土建图学》教材配套使用，与教材的编排顺序保持一致。本套教材为大连理工大学依托中国大学MOOC平台建设的“画法几何及土木工程制图”国家精品在线开放课程的主讲教材，该课程被评为国家级一流本科课程。

习题集中的第1章至第7章为制图基础部分的练习题，强调学生空间思维能力、对图形的阅读与表达能力的培养，加强学生对投影理论与投影方法的运用能力。第8章至第13章为土建制图部分的练习题，按建筑施工图、建筑结构施工图、建筑设备施工图、道路工程图及水利工程图分类编排，基本上反映了一般性土建工程图的图示方法、内容及特点。图样大部分来自实际工程，并按照最新的制图相关标准绘制。通过绘制和阅读土建工程图的练习，能较快掌握制图和识图的基本技能。本习题集题型多样，题量充足，可根据教学情况选择练习。

本习题集由王子茹、何援军任主编，由张帆、邱冰任副主编，参加编写工作的有：大连理工大学王子茹（第3、6、12、13章），上海交通大学何援军（第1、2、4章），南京林业大学张帆（第5、7、8章）、邱冰（第9、10、11章）。

同济大学李怀健教授审阅了本习题集，提出许多宝贵的建议及意见，在此谨表谢意。在编写过程中承蒙有关设计单位提供资料，在此一并表示感谢。

限于时间，本习题集中难免存在不当之处，敬请读者批评指正。编者邮箱：wangziru@dlut.edu.cn。

编　者

2023年10月

目　　录

1.1 字体练习

建 筑 制 图 平 立 剖 面 比 例 校 核 钢 筋

混 凝 土 结 构 房 屋 支 座 桩 基 础 姓 名 专 业 学 号 班 级

1 2 3 4 5 6 7 8 9 0 Φ R

A B C D E F G H I J K L M N O P Q R S T

1.2 线型练习

在A3幅面的图纸上，按1∶1的比例练习图线（不注尺寸）。

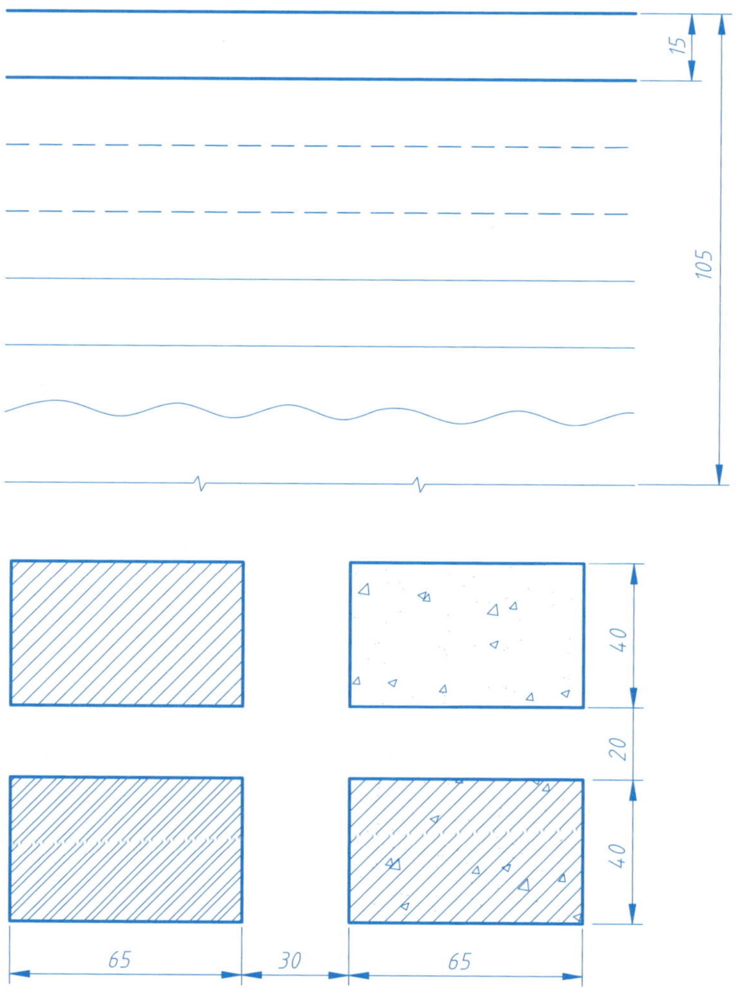

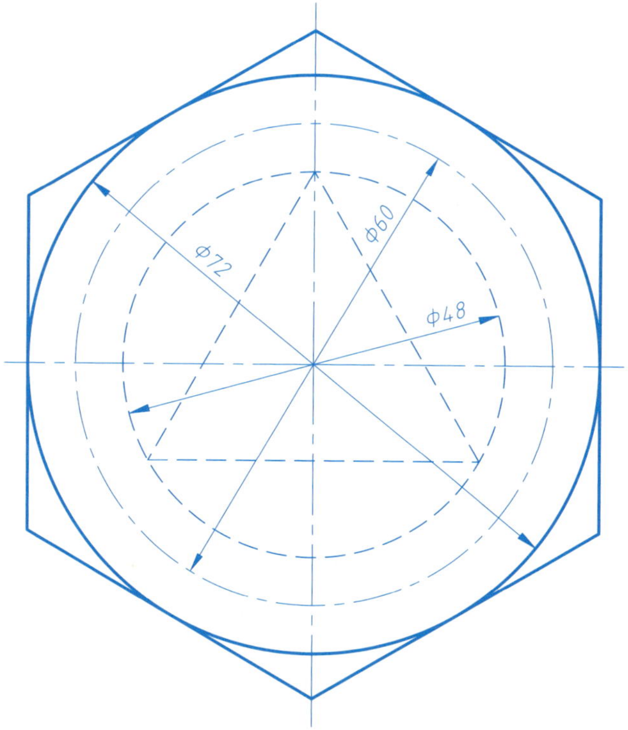

班级:________ 姓名:________ 学号:________

1.3 尺寸练习（尺寸数值按1：1的比例从图中量取，并取整）

1. 线性尺寸标注。

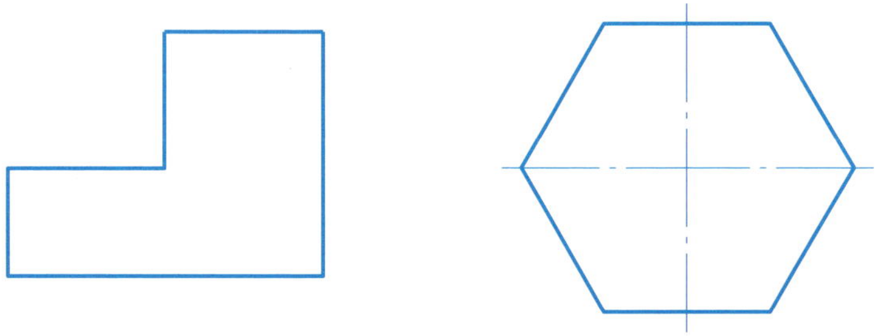

2. 圆及圆弧尺寸标注。

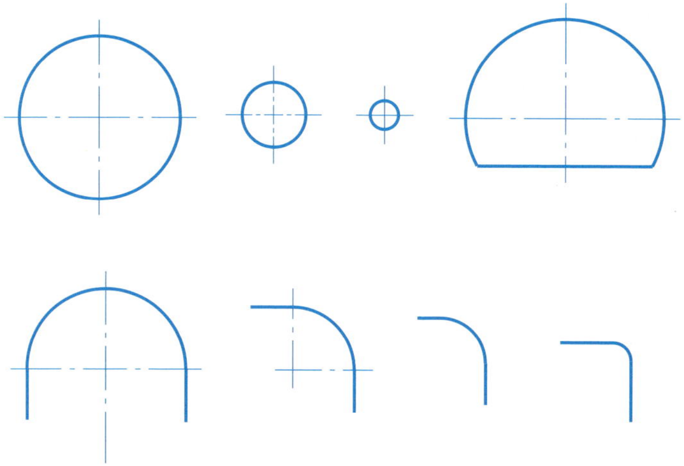

3. 角度尺寸标注。

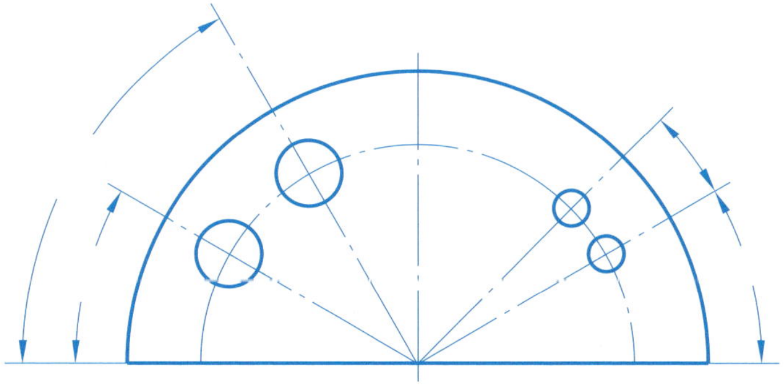

4. 弧长尺寸标注。

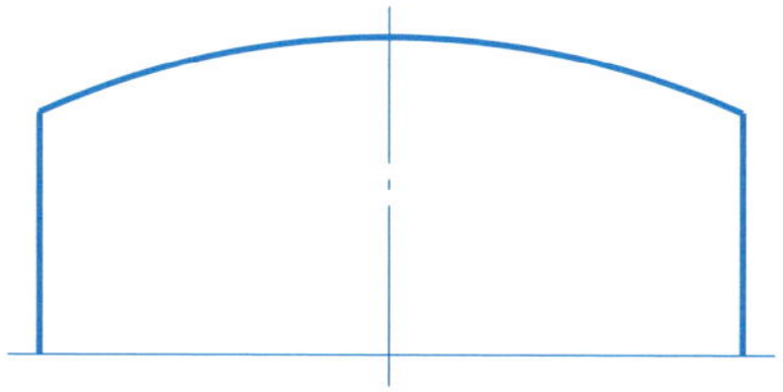

5. 注出下列图形的尺寸。

(1)

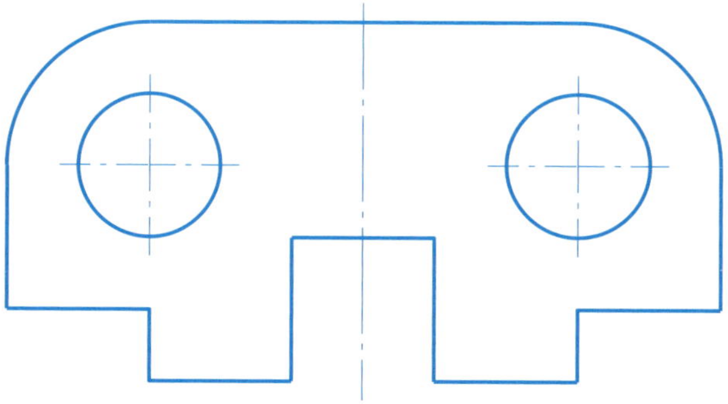

(2)

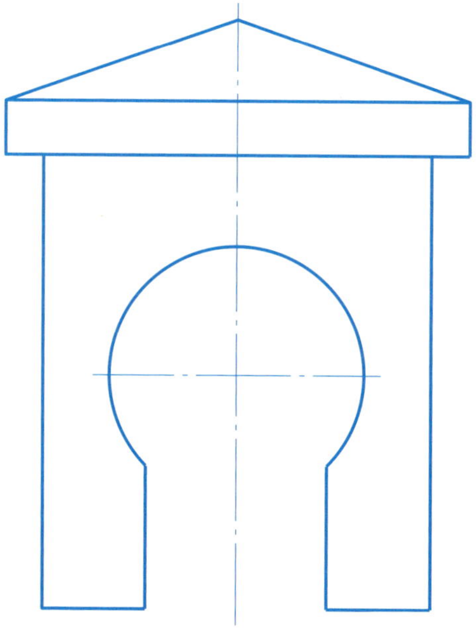

1.4 几何作图

1. 在A3幅面的图纸上，按1∶1的比例作下列图形，并标注尺寸。

(1) 五角星

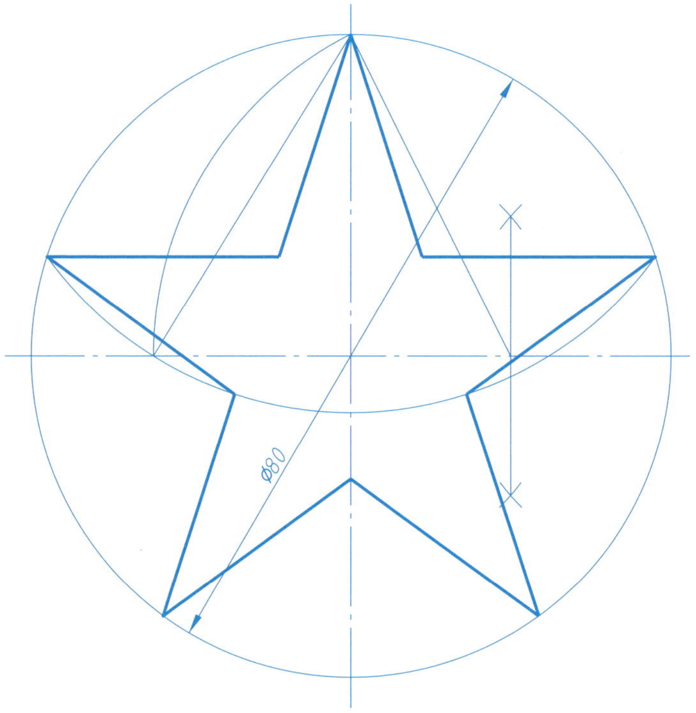

(2) 水坝

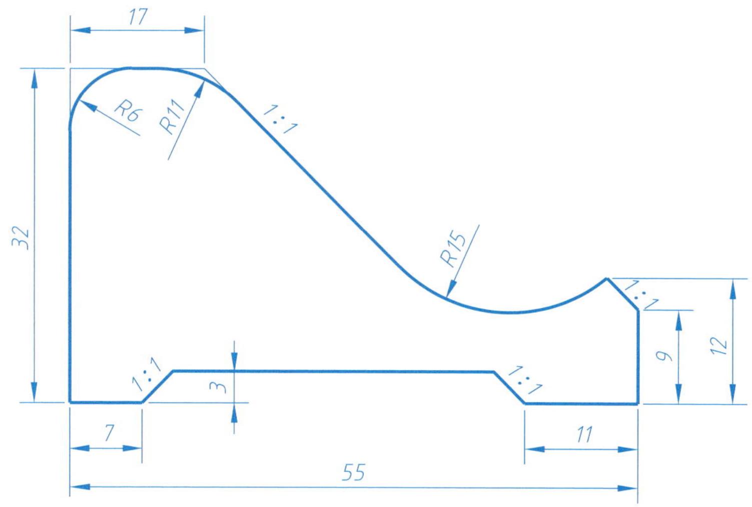

2. 在A3幅面的图纸上，按1∶1的比例作下列图形，并标注尺寸。

(1) 工字钢

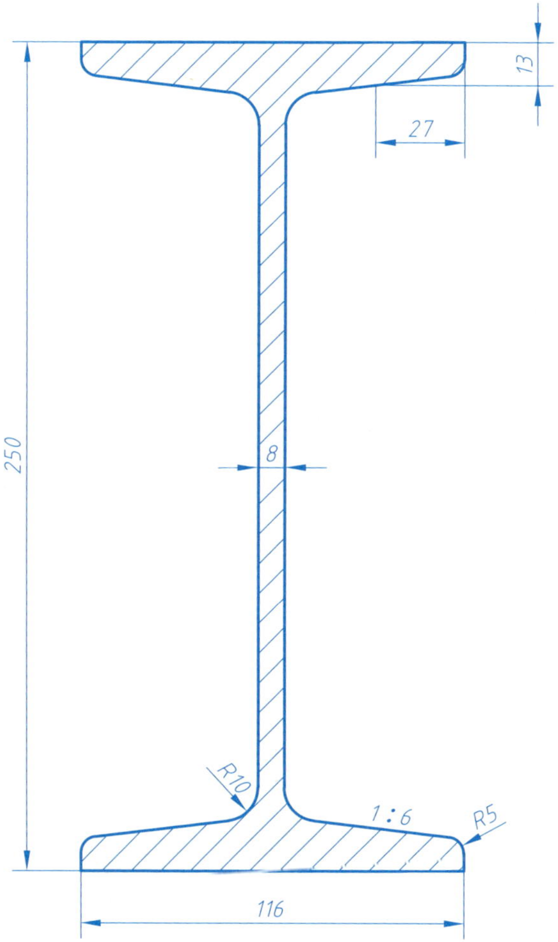

(2) 吊钩

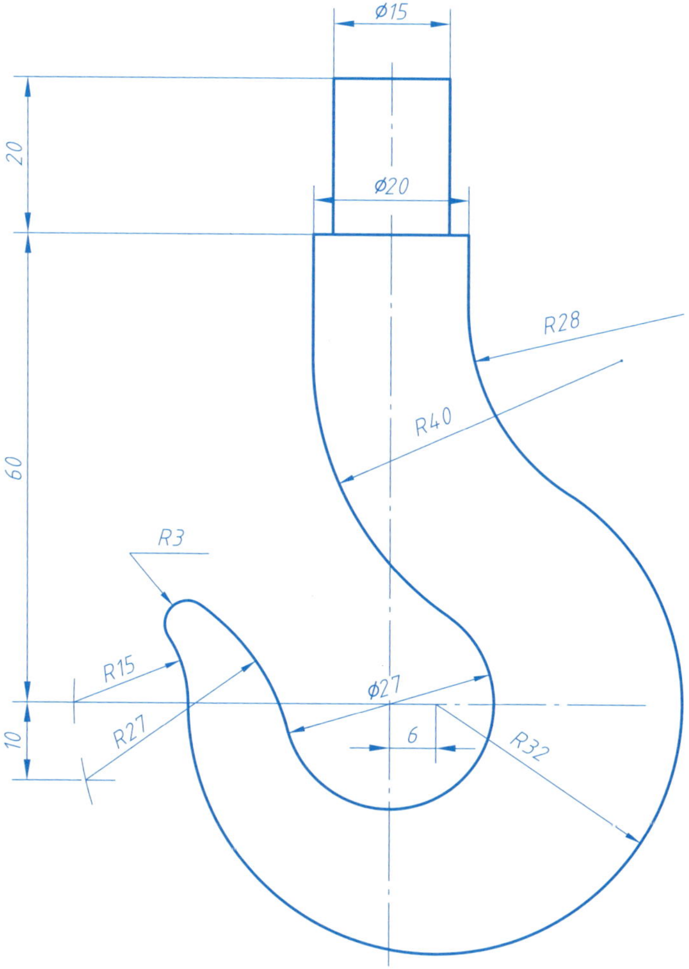

1.5 徒手草图

1. 按给出的图样，徒手绘图（将图画在网格里）。

(1)

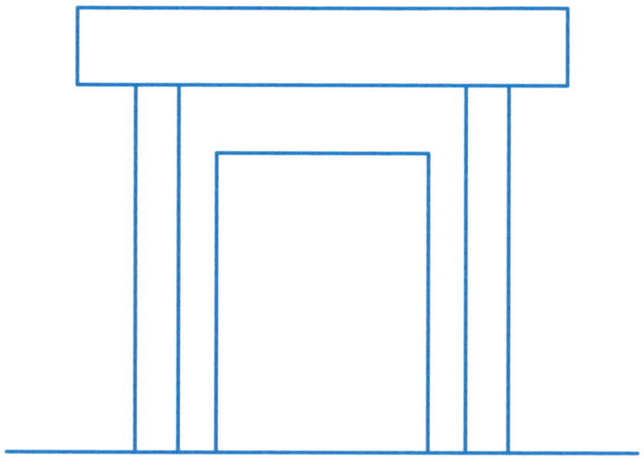

(2)

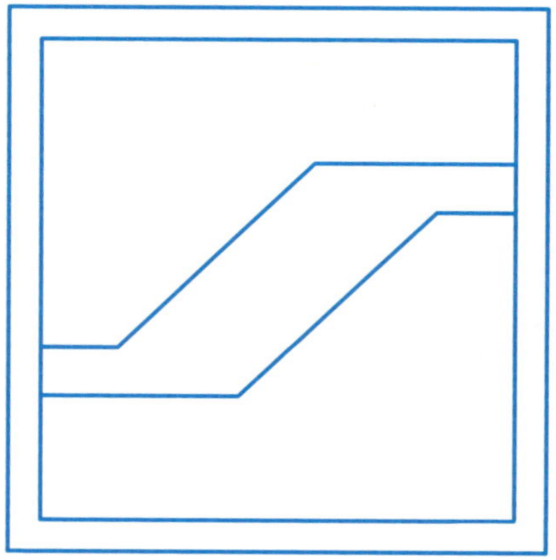

班级:________ 姓名:________ 学号:________

2. 按给出的图样，徒手绘图（将图画在网格里）。

（1）

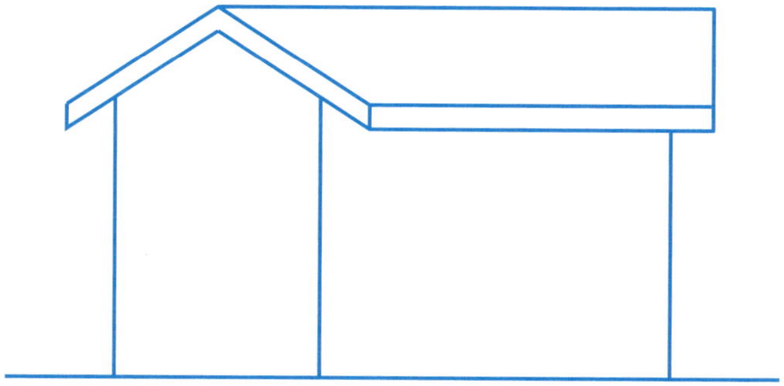

（2）

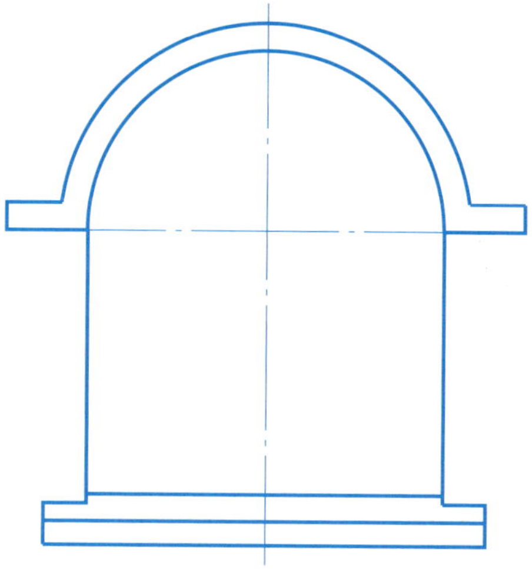

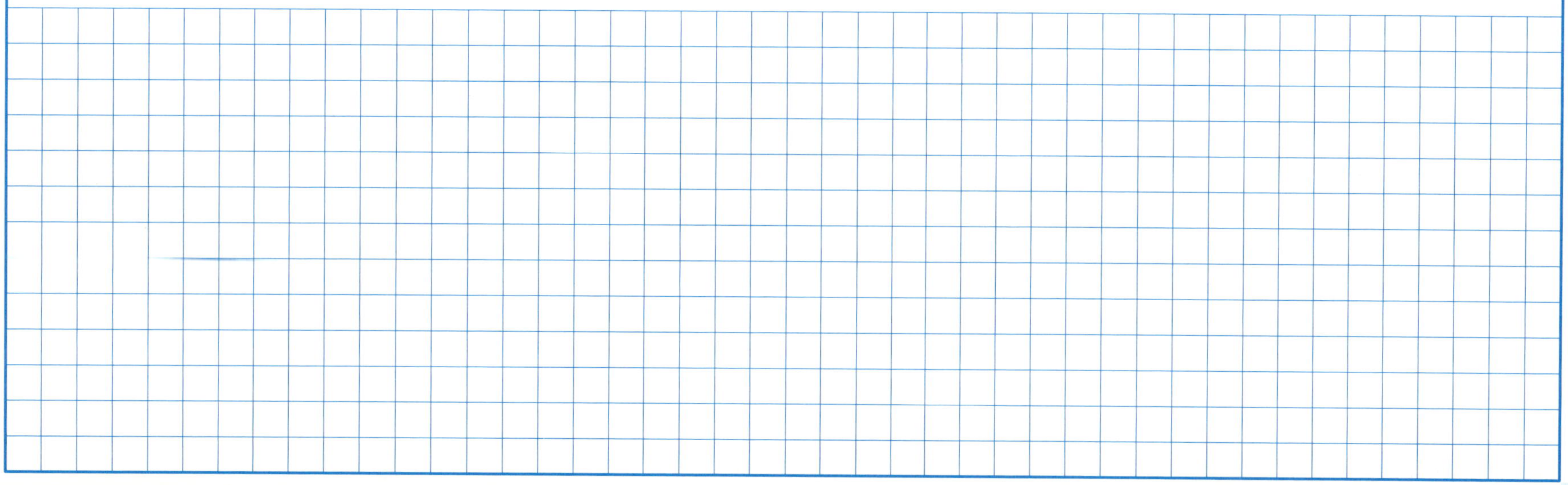

2.1　投影的基本知识

1. 填空题。

(1) 画法几何学的基础是投影法，投影法可分为__________投影法和__________投影法。

(2) 正投影的基本性质有__________、__________、__________。

(3) 三面投影属于______投影；轴测投影属于__________投影；透视投影属于__________投影；标高投影属于__________投影。

2. 问答题。

(1) 中心投影与平行投影的区别是什么？

(2) 根据点在一个投影面上的投影，不附加其他条件，是否能够确定该点在空间的位置？

(3) 正轴测投影（正等测、正二测）中的轴向伸缩系数和轴间角的关系怎样？如何求得？

(4) 斜轴测投影的轴向伸缩系数和轴间角的关系怎样？二者有何关系？

(5) 试述透视投影的基本原理。

(6) 如何设定透视投影的参数？

(7) 什么叫标高投影？

3. 在括号中写出下列投影图的名称（多面正投影图、轴测投影图、透视投影图、标高投影图）。

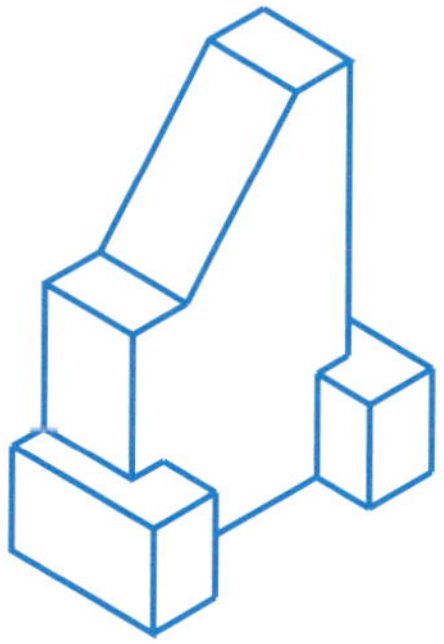

（　　　　　　）

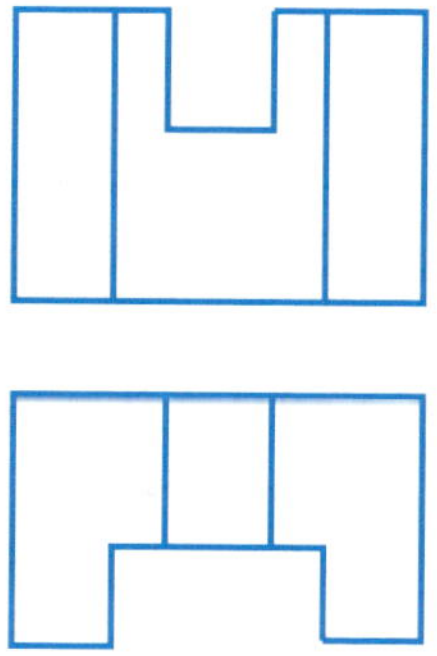

（　　　　　　）

（　　　　　　）

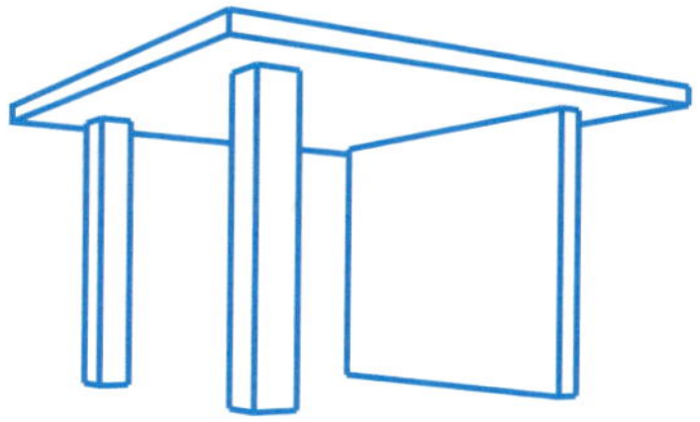

（　　　　　　）

班级:________ 姓名:________ 学号:________

2.2 形体的三面投影图

1. 根据形体的轴测图作出其三面投影图（箭头方向为正立投影面投射方向，尺寸直接从轴测图上量取）。

(1)

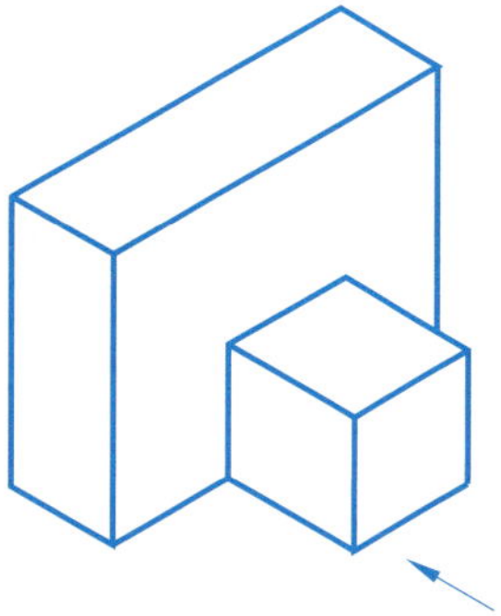

(2)

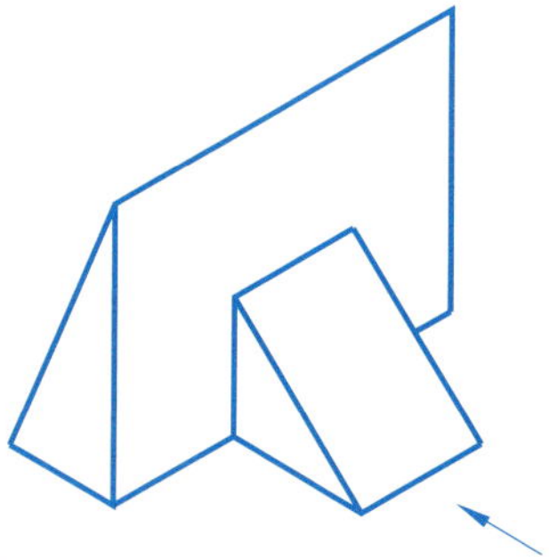

(3)

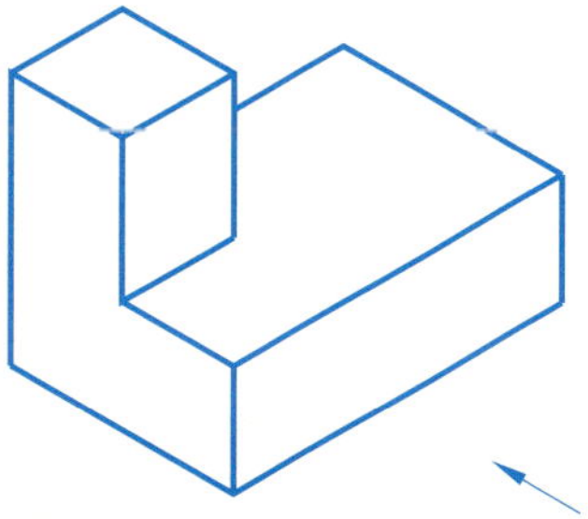

(4)

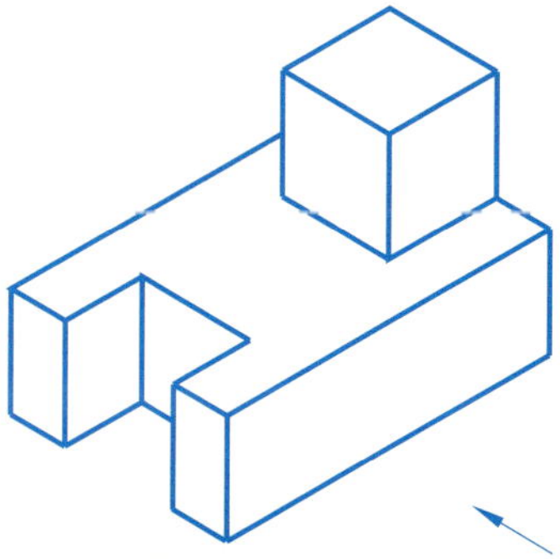

班级:________ 姓名:________ 学号:________

(5)

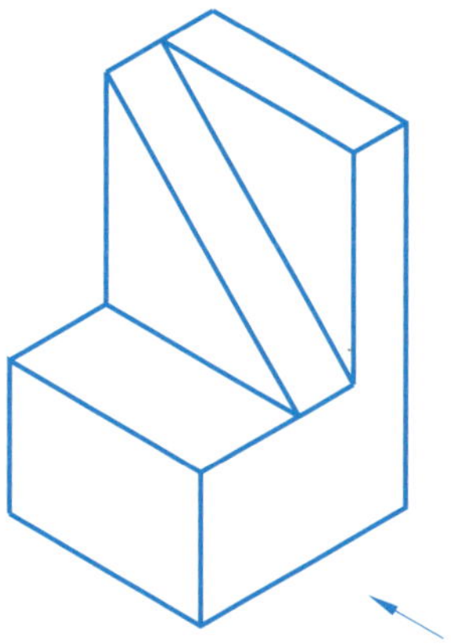

(6)

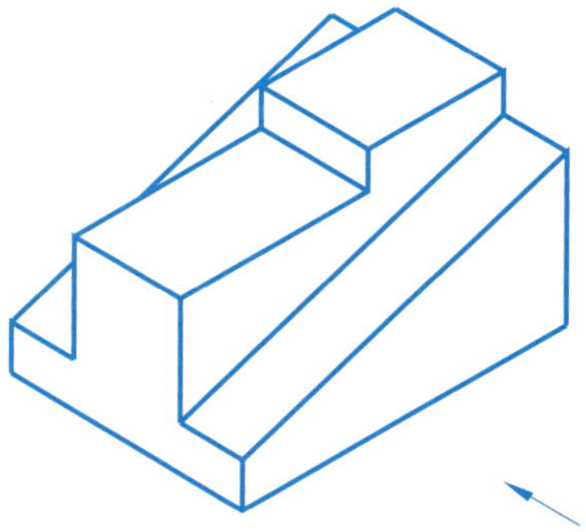

(7)

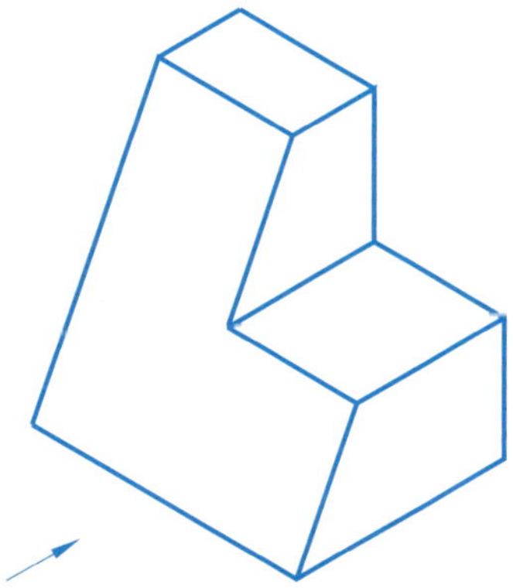

(8)

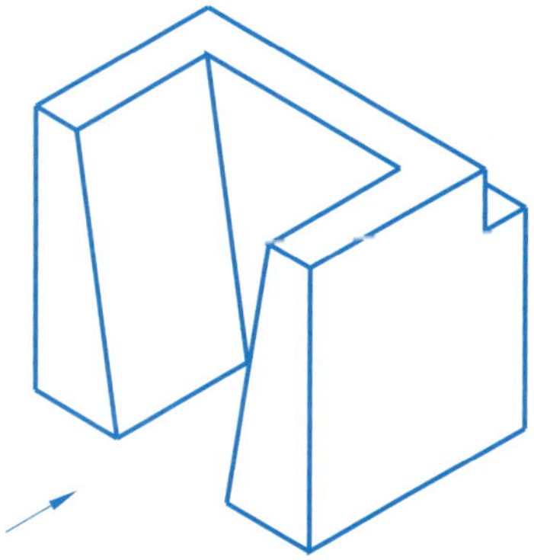

班级:________ 姓名:________ 学号:________

2. 试改正投影图中的错误。

(1)

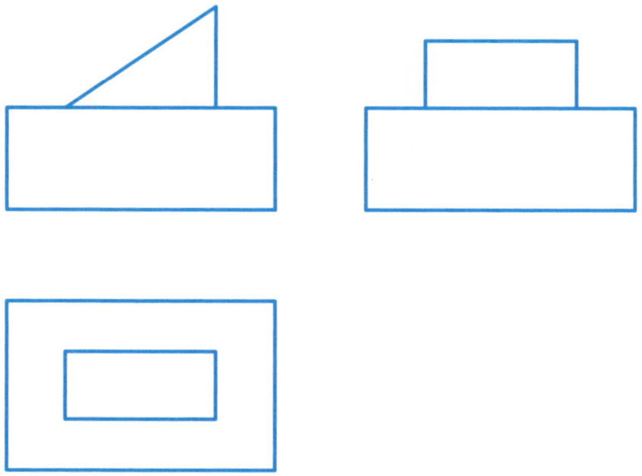

(2)

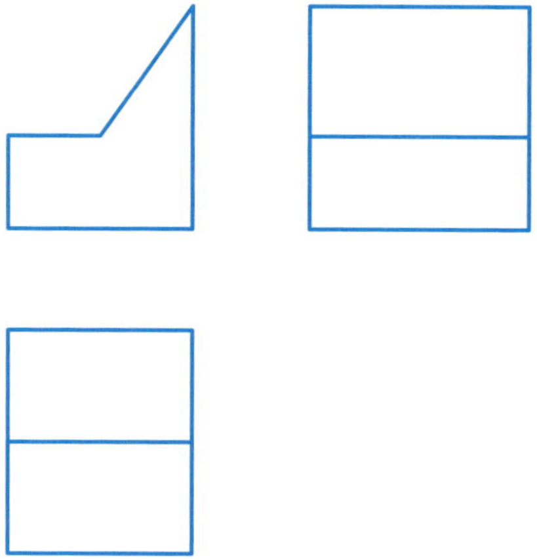

(3)

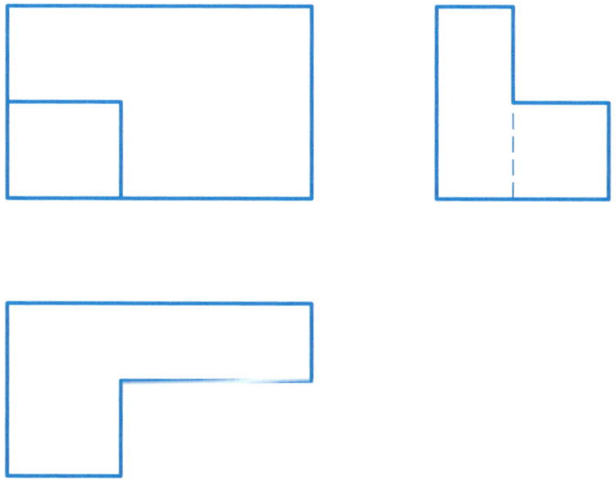

(4)

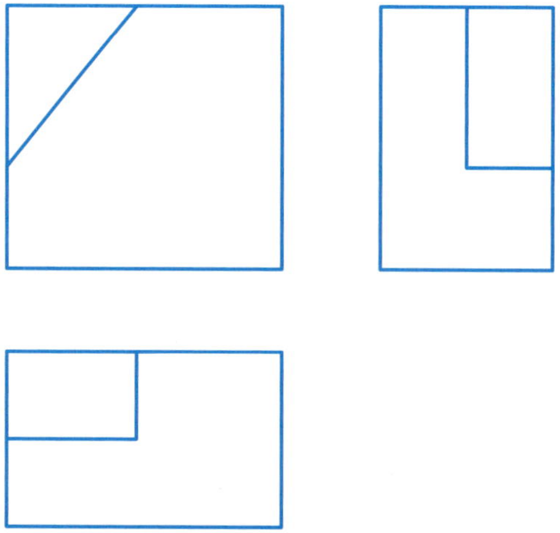

班级:________ 姓名:________ 学号:________

(5)

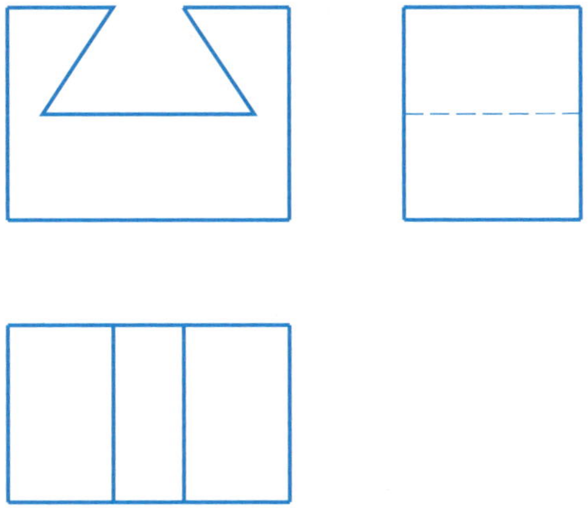

(6)

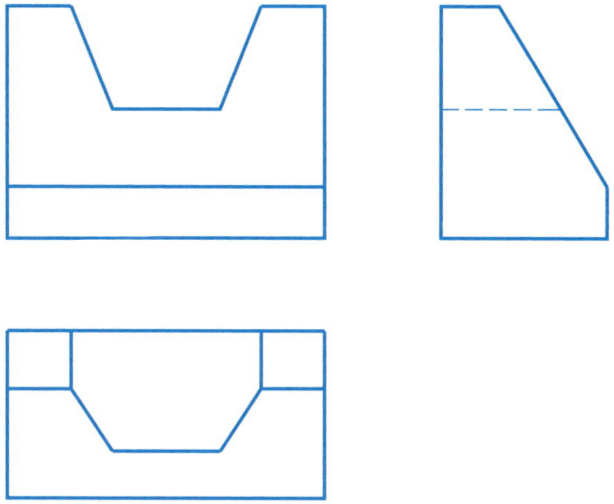

(7)

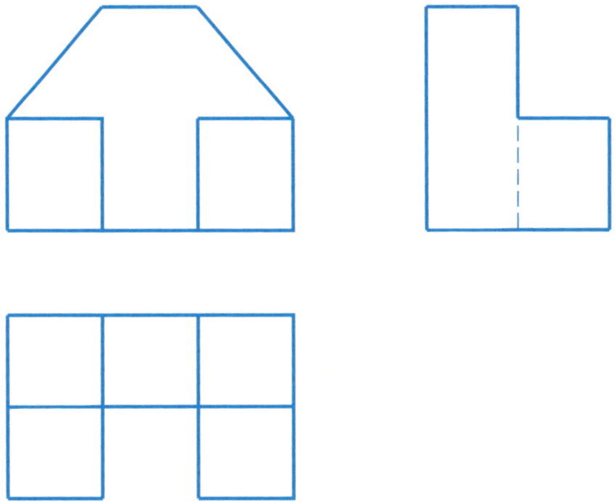

(8)

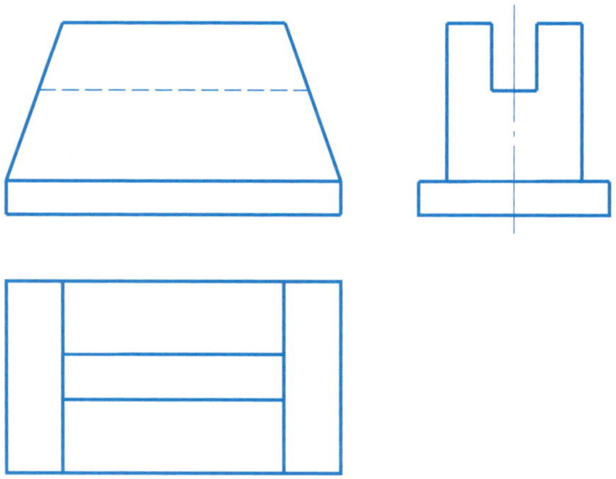

3.1　点的投影

1. 根据点的空间位置，求作点的三面投影（坐标直接从立体图上量取）。

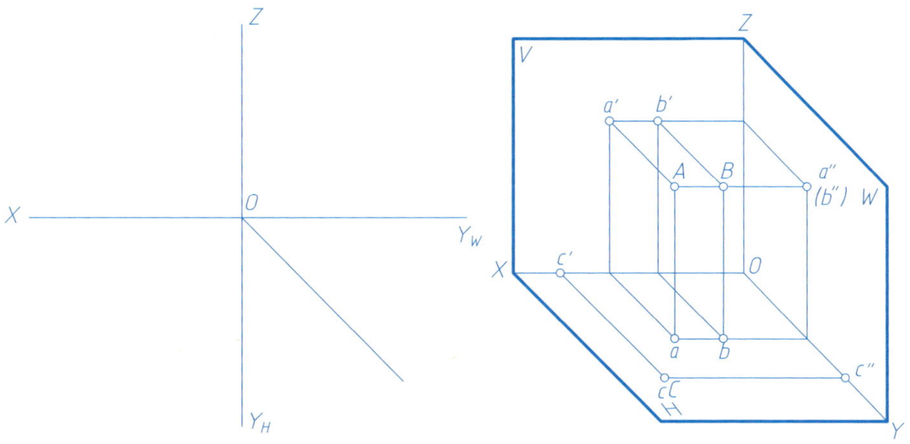

2. 已知点A、B的两面投影，求作第三面投影。

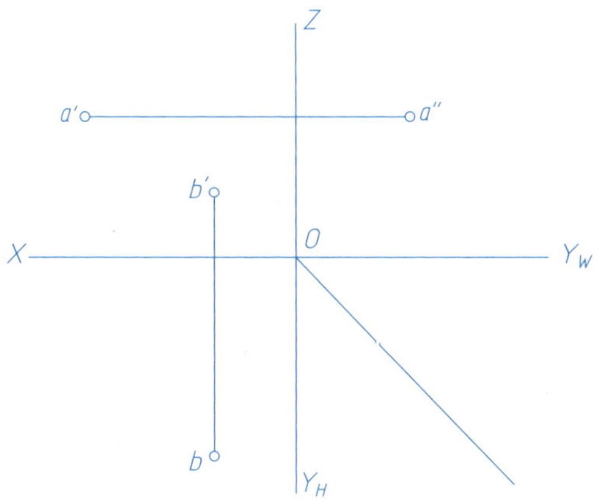

3. 已知点到投影面的距离，求作它们的三面投影。

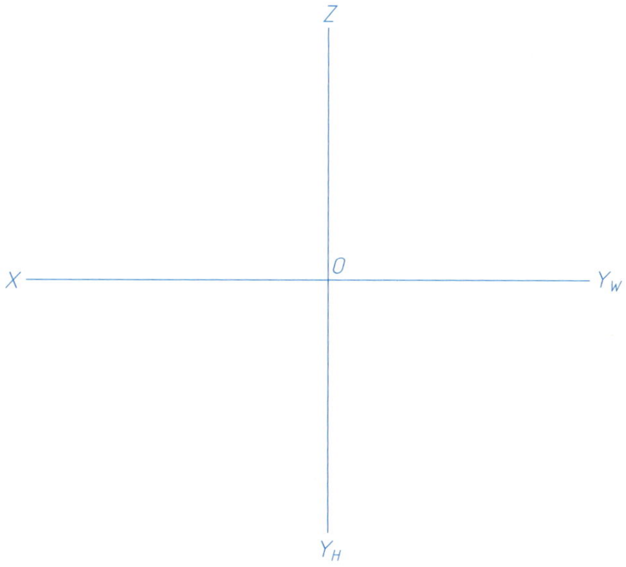

点	与V面距离	与H面距离	与W面距离
A	25	15	30
B	15	10	0
C	20	0	15

班级:________ 姓名:________ 学号:________

4. 已知点A（25,0,20）、B（20,15,25）、C（0，0,5),求作它们的三面投影及立体图。

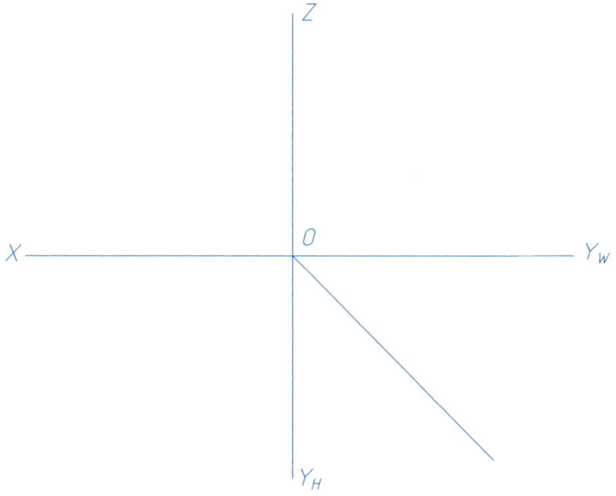

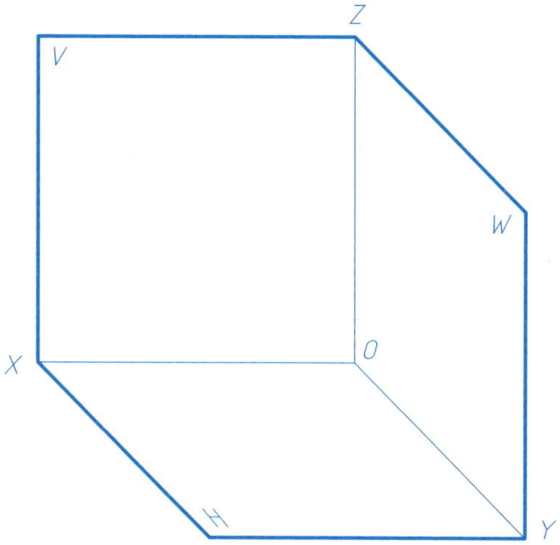

5. 点B在点A左方12 mm，下方10 mm，前方8 mm，求作点B的三面投影。

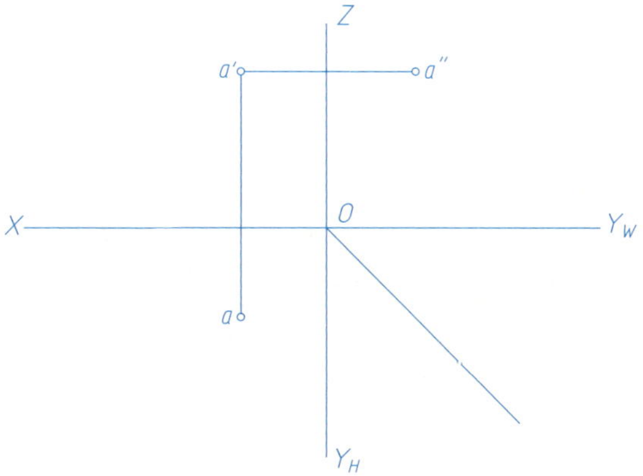

6. 求作各点的第三面投影，并判别重影点的可见性。

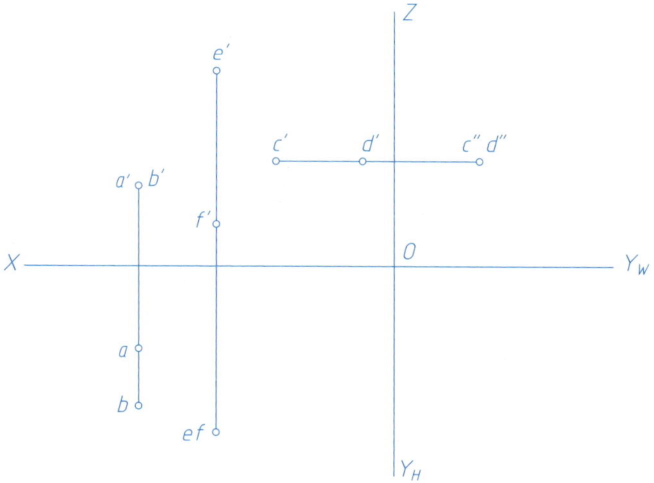

3.2 直线的投影

1. 已知三棱锥四个顶点S(25, 15, 30)、A(40, 5, 0)、B(25, 30, 0)、C(5, 5, 0)的坐标。

(1)求作四个点的三面投影并两两连线。

(2)判别棱线SA、SB、AB、AC与投影面的相对位置。

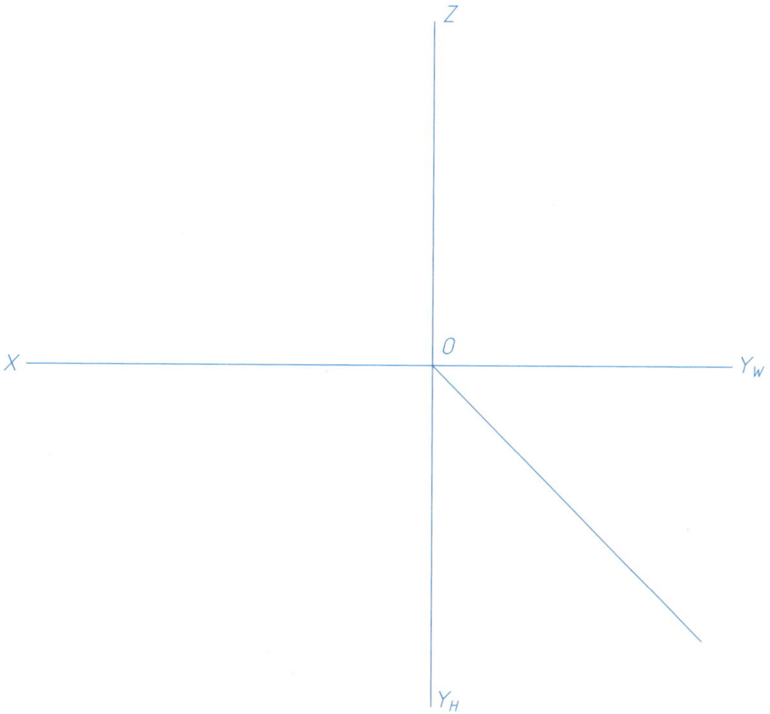

SA是________线； SB是________线；

AB是________线； AC是________线。

2. 在投影图中标出立体图上相应点的三个投影，并判别直线与投影面的相对位置。

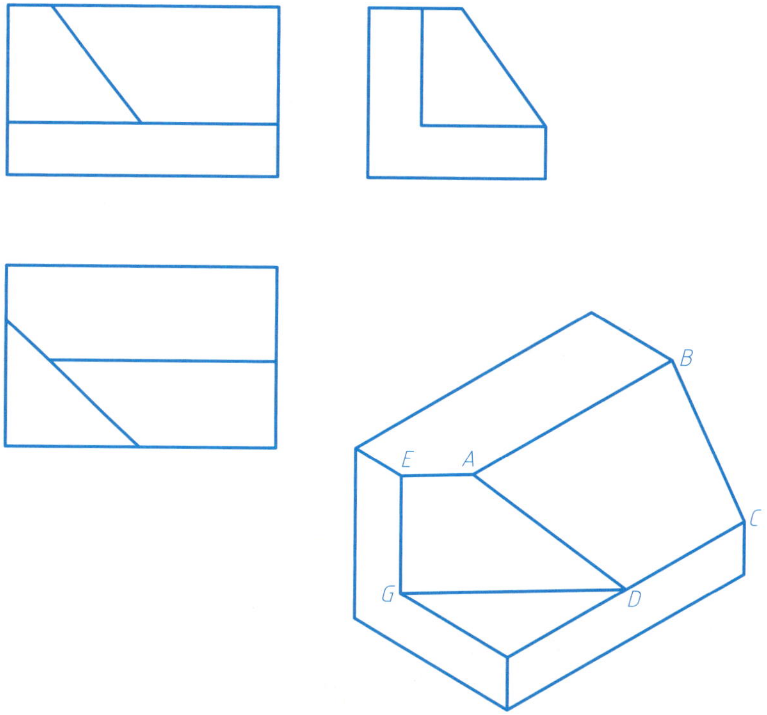

AD是________线； GD是________线；

AB是________线； BC是________线。

班级:________ 姓名:________ 学号:________

3. 已知直线的两面投影，求作第三面投影。

(1)

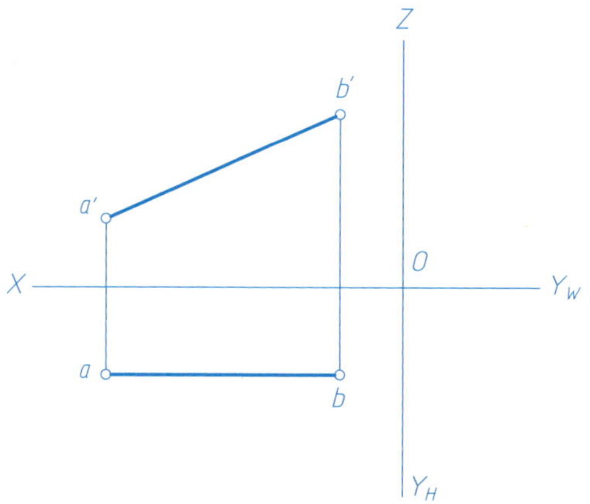

(2)

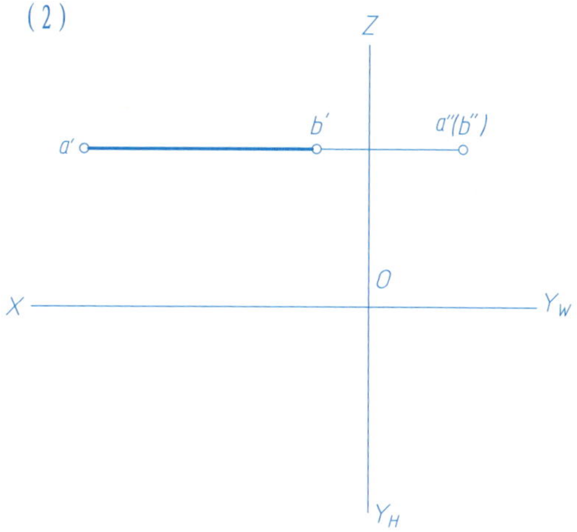

(3)

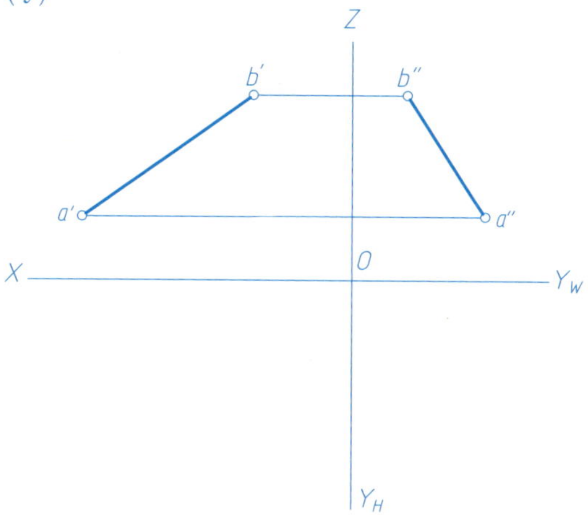

4. 过已知点A作直线AB的三面投影，并使AB长为20 mm。

(1) 作正平线，与H面成60° 倾角。

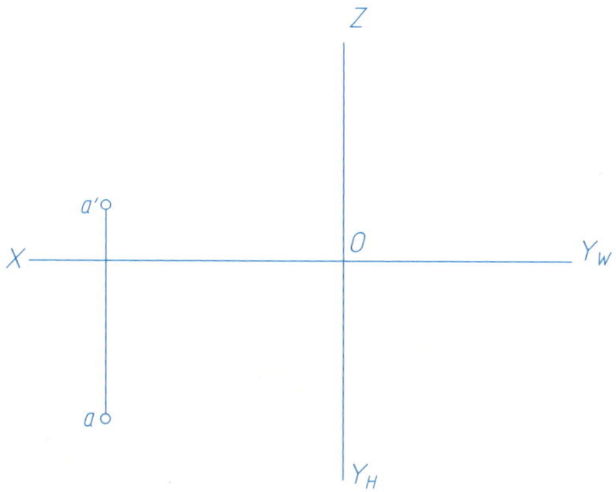

(2) 作水平线，与V面成30° 倾角。

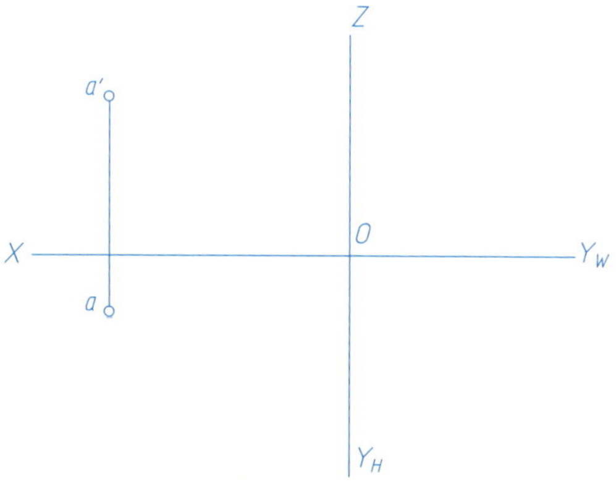

(3) 作铅垂线。

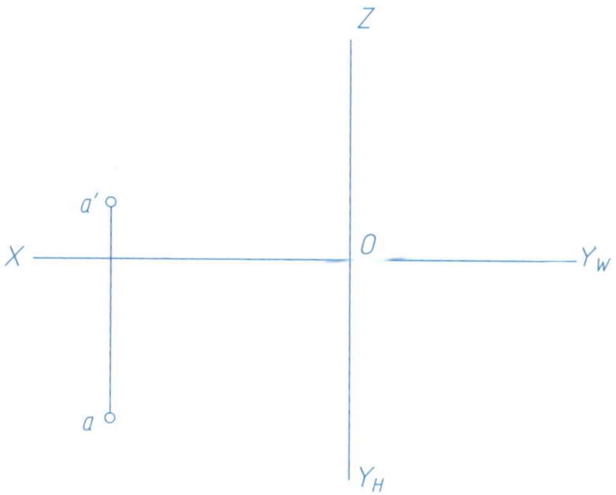

班级:________ 姓名:________ 学号:________

5. 作出线段AB的实长，并求其对H面的倾角。

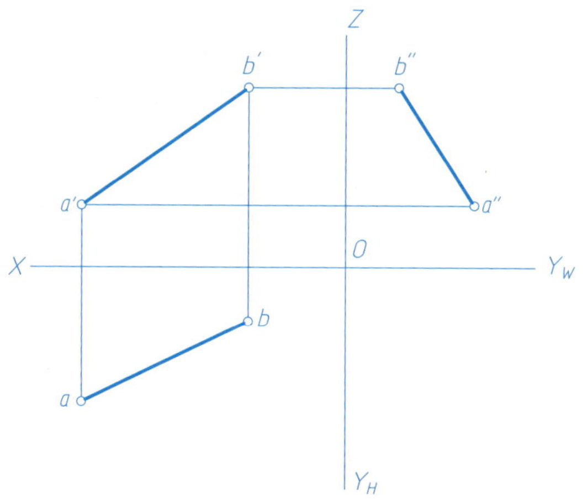

6. 已知线段AB的实长为30 mm，试完成其投影，有几解？

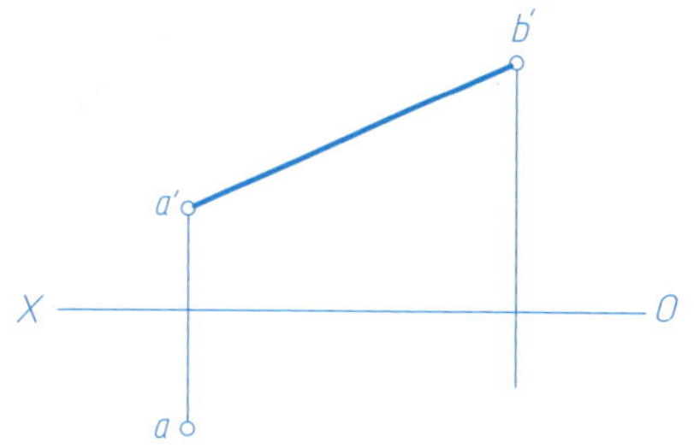

7. 已知线段CD对V面的倾角为30°，作出其正面投影，有几解？

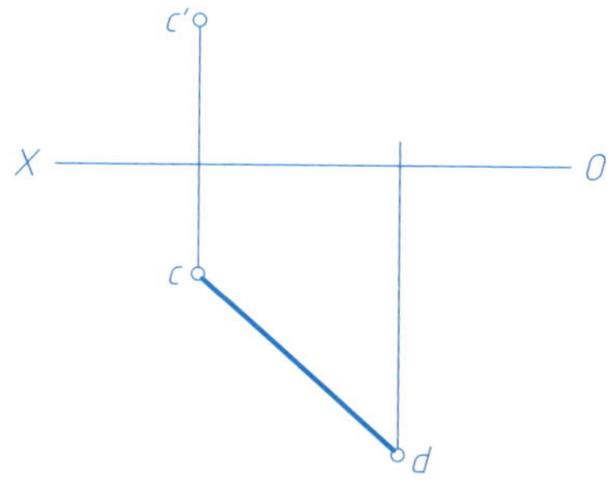

8. 在线段AB上定出点K的水平投影。

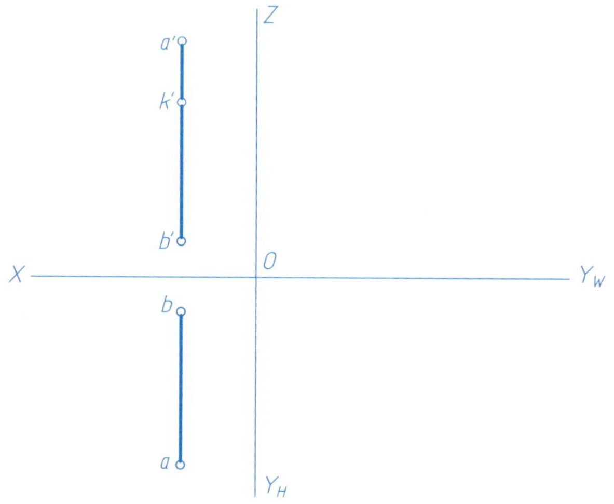

9. 在线段AB上找一点C，使AC=20 mm。

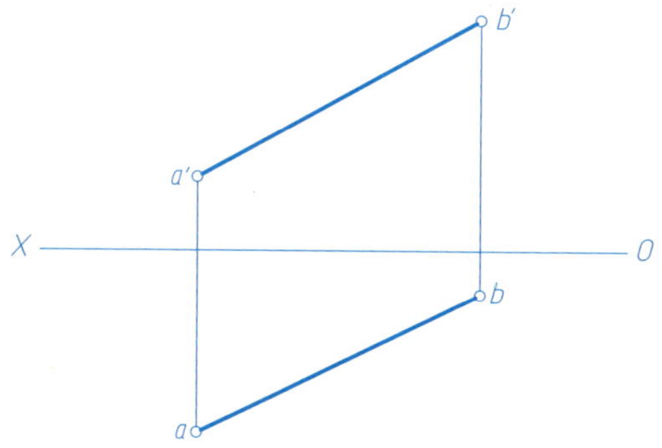

10. 判别下列两直线的相对位置（平行，相交，交叉）。

(1)

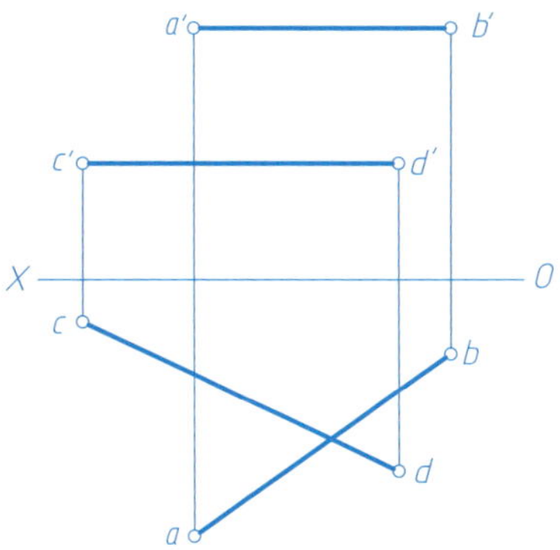

(   )

(2)

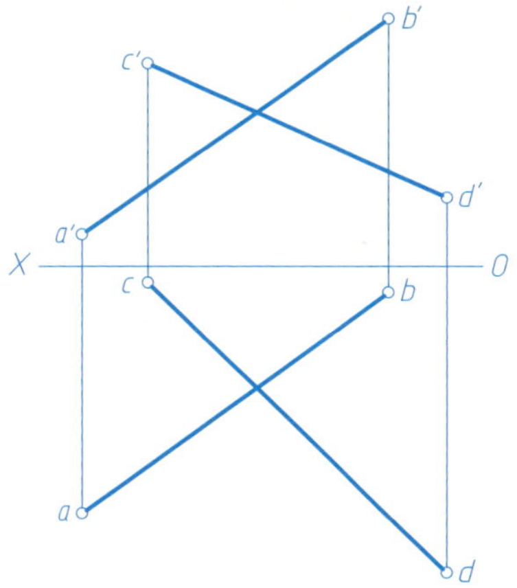

(   )

(3)

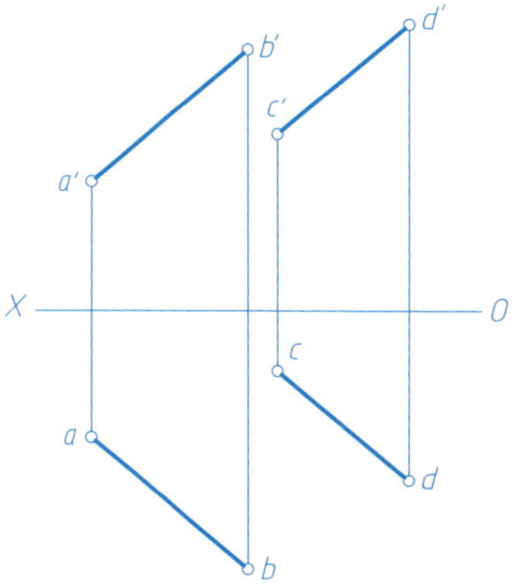

(   )

(4)

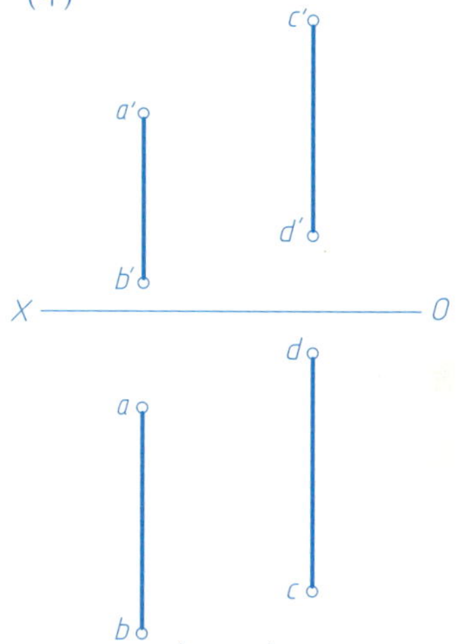

(   )

11. 直线*AB*∥*CD*，*AB*长20 mm，求作*AB*的三面投影。

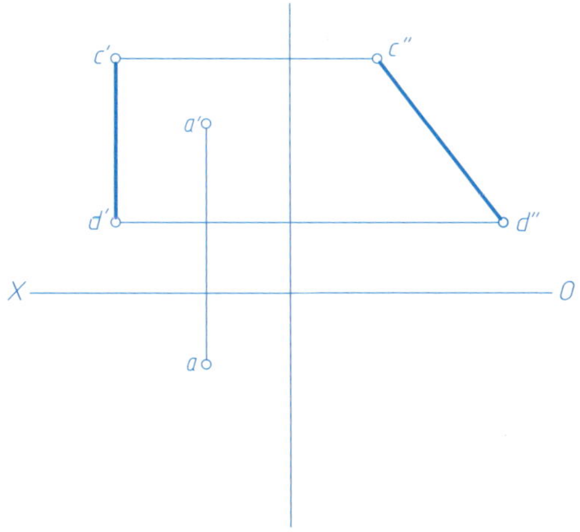

12. 过点*C*作直线*CD*与*AB*相交于点*D*，使点*D*距离*H*面15 mm。

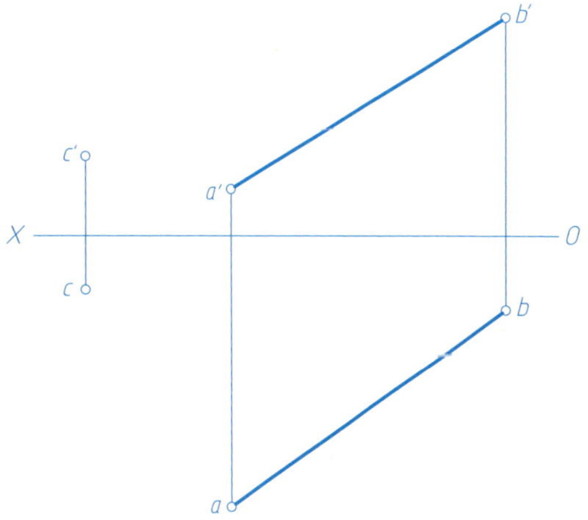

13. 过点*A*作直线*AB*∥*EF*，问*AB*与*CD*是否相交？

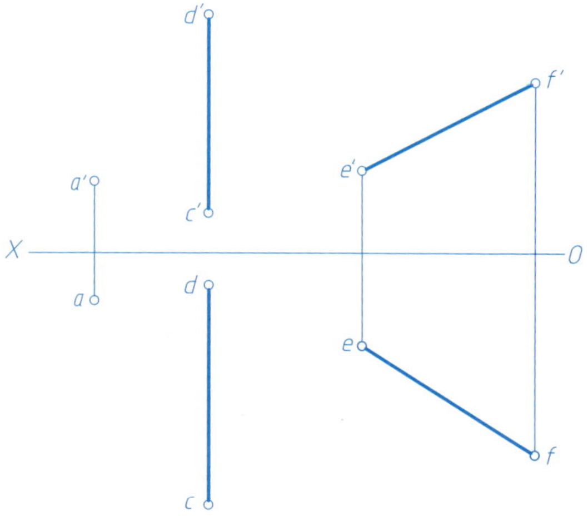

班级:________ 姓名:________ 学号:________

14. 过点A作线段AB平行于CD，使AB=25 mm（点B在点A的右后上方）。

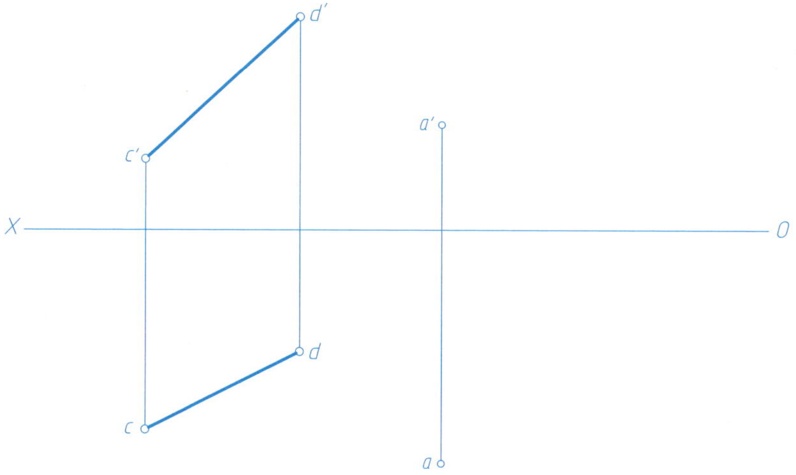

15. 作一距H面20 mm的水平线，分别与AB、CD交于点E、F。

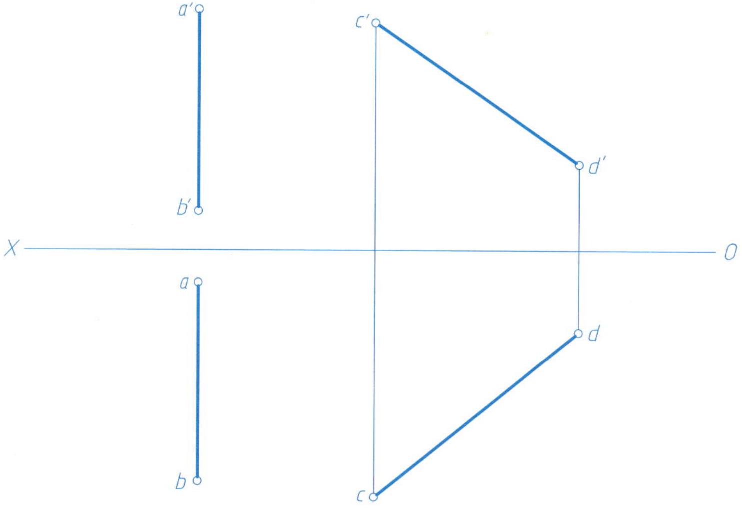

16. 判别交叉两直线重影点的可见性。

(1)

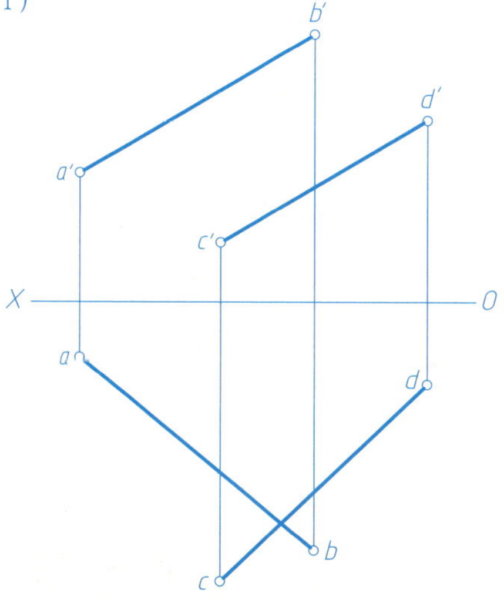

(2)

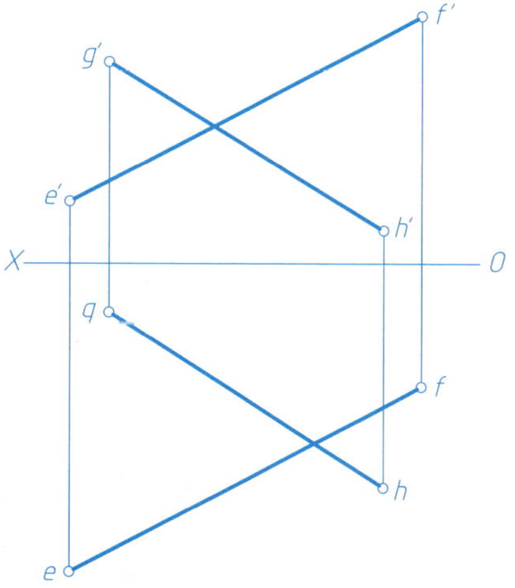

17. 作一直线GH与AB、CD相交，并平行于EF。

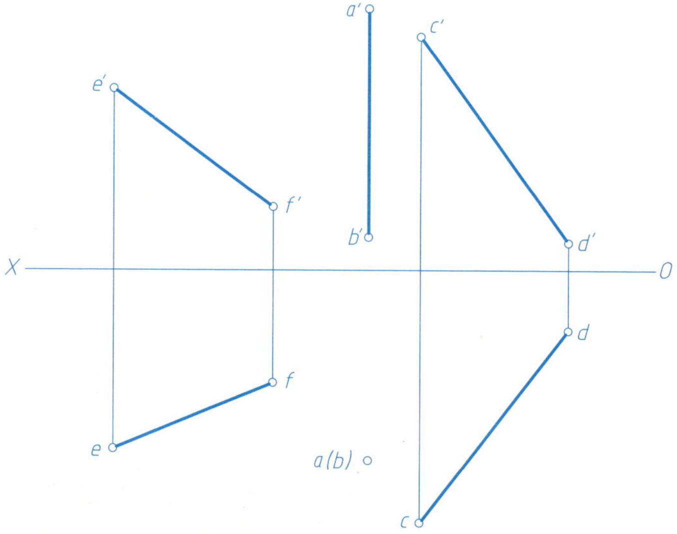

班级:__________ 姓名:__________ 学号:__________

18. 判别∠ABC是否为直角。

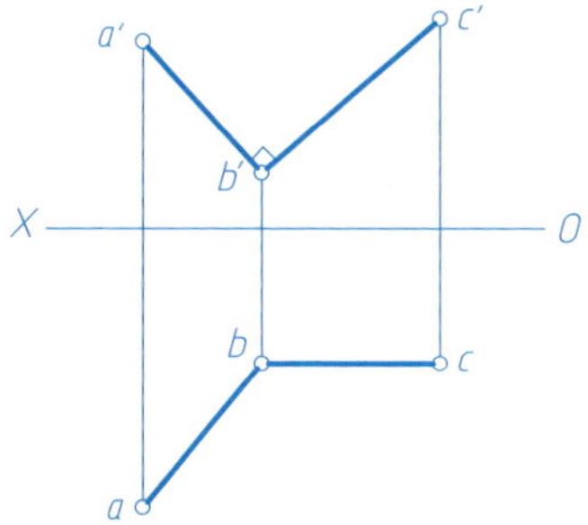

(　　)

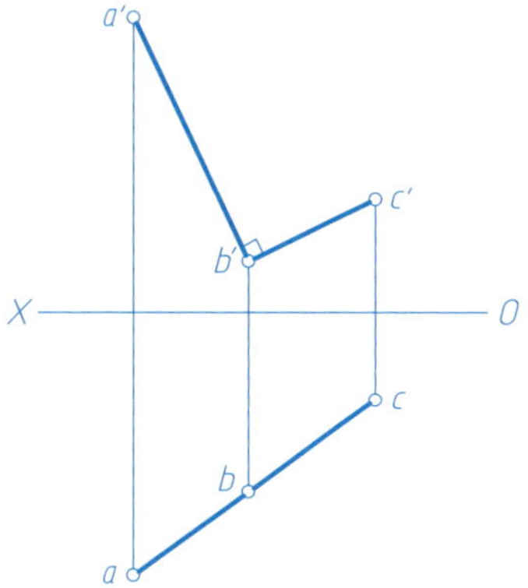

(　　)

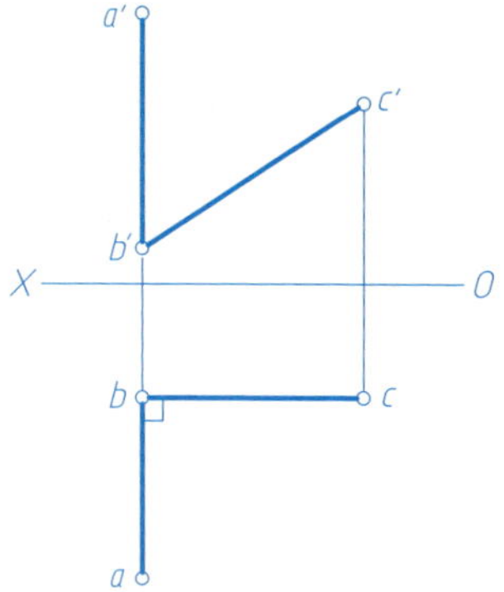

(　　)

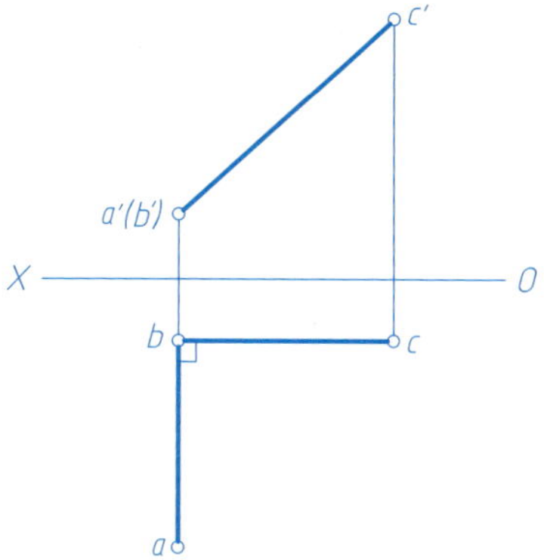

(　　)

19. 过点A作一直线与BC垂直相交。

(1)

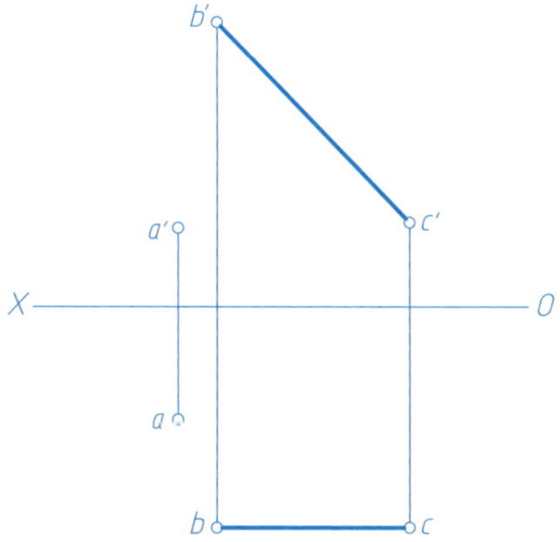

(2)

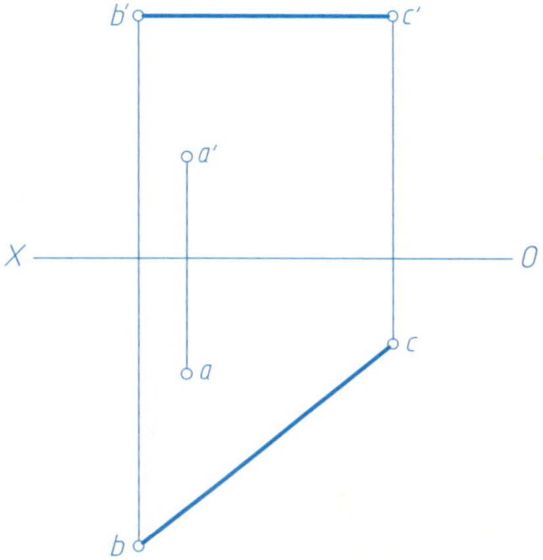

(3)

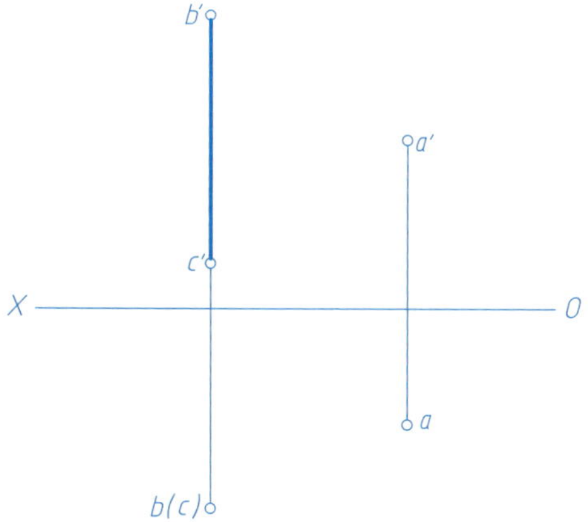

班级:________ 姓名:________ 学号:________

20. 已知直线AB与CD垂直相交，求作CD的水平投影cd。

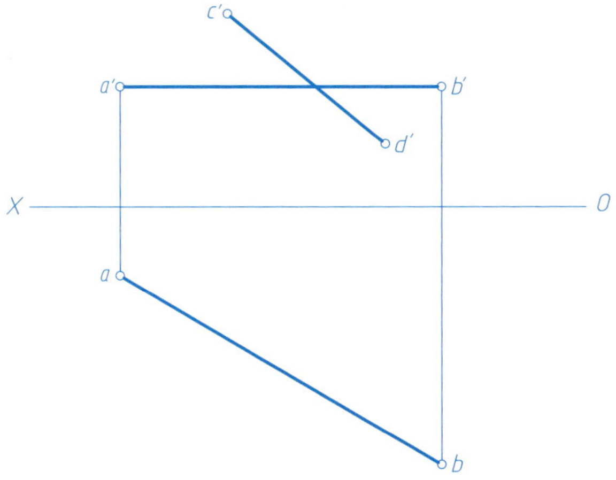

21. 求作直线AB、CD的公垂线EF的投影及其实长。

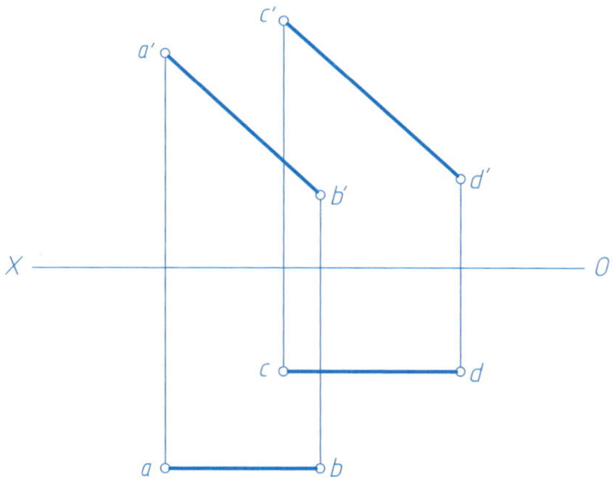

22. 已知AB、BC为一正方形的两条边，BC在直线BM上，求作正方形的投影。

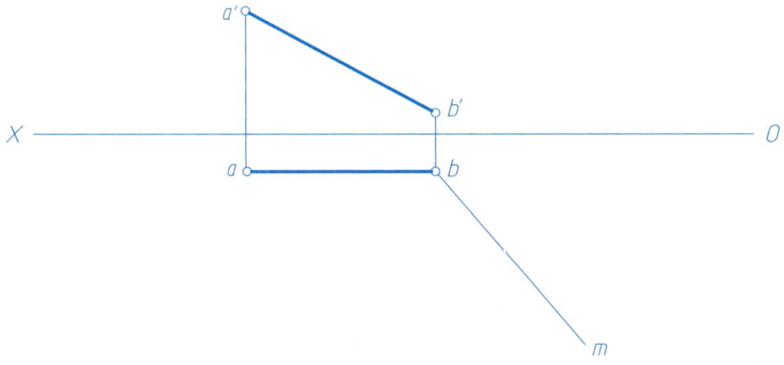

23. 已知等腰三角形ABC的底边BC在直线EF上，点A已定，BC的长度等于三角形高的实长，试完成其投影。

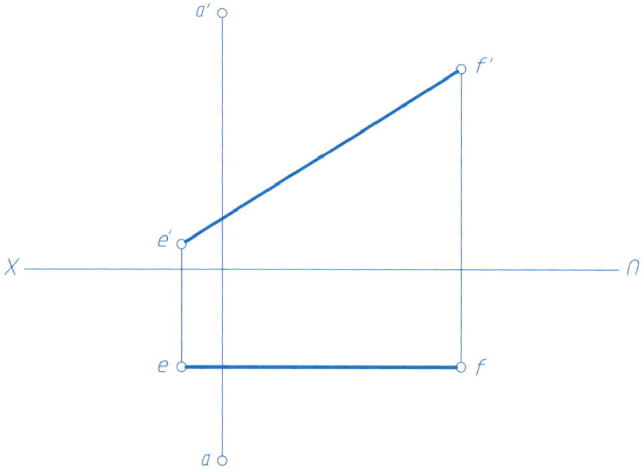

班级:________ 姓名:________ 学号:________

3.3 平面的投影

1. 对照立体图中指定的平面，分别标出其三面投影，并判别它们对投影面的相对位置。

(1)

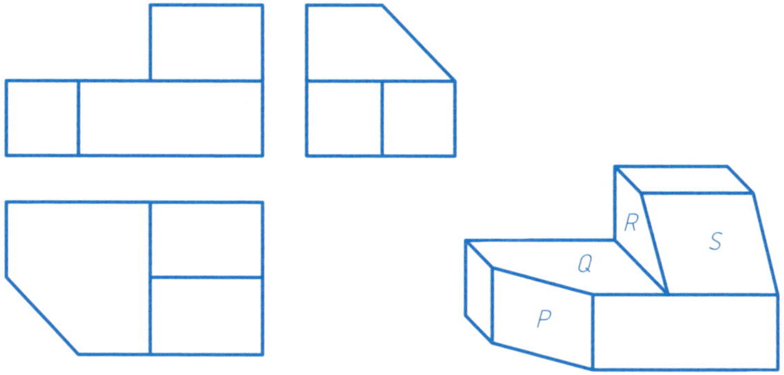

P是 __________ 面，Q是 __________ 面，

R是 __________ 面，S是 __________ 面。

(2)

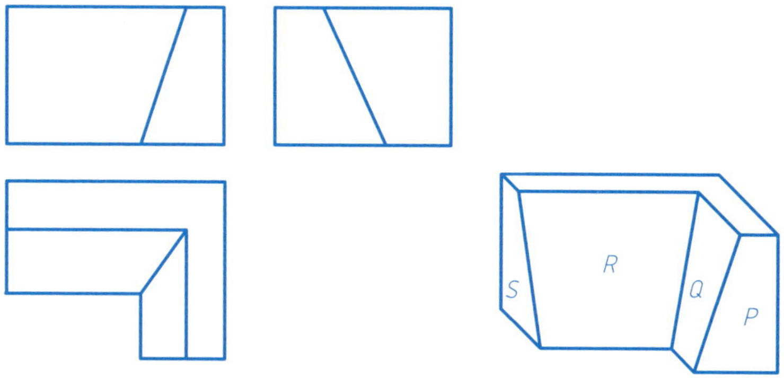

P是 __________ 面，Q是 __________ 面，

R是 __________ 面，S是 __________ 面。

2. 标出平面P、Q、R、S在各投影图中的位置。

(1)

(2)

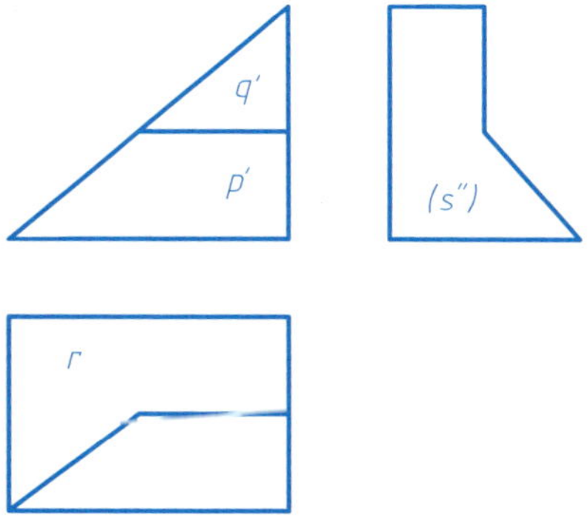

(3)

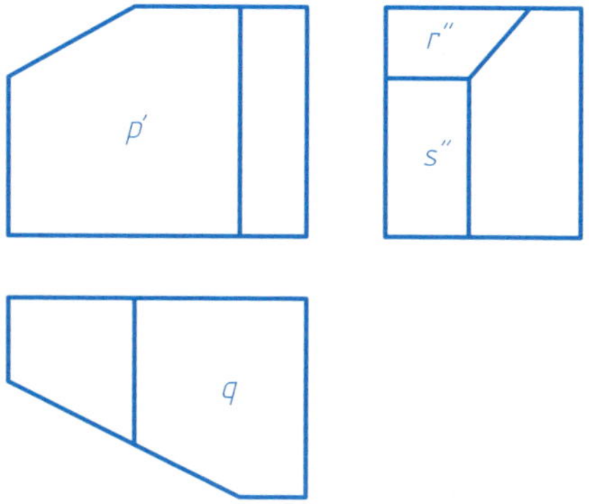

班级:________ 姓名:________ 学号:________

3. 求作下列平面的第三面投影，并判别其与投影面的相对位置。

(1)

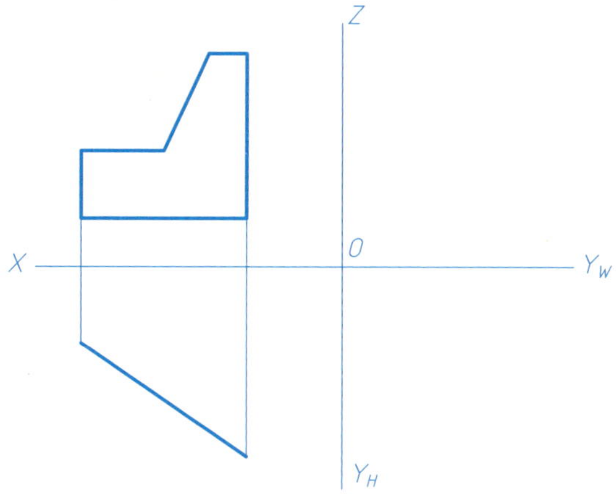

为______面

(2)

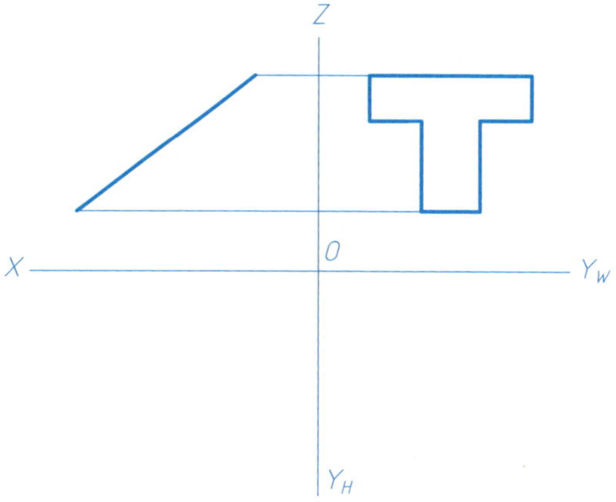

为______面

(3)

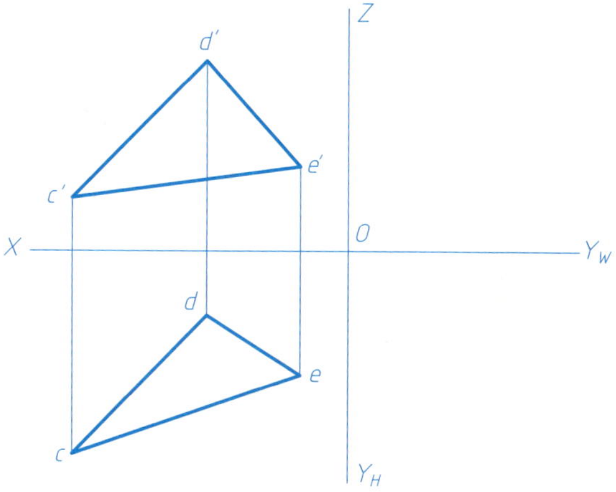

为______面

4. 根据已知条件完成下列各平面的投影。

(1) 平面为侧垂面，与*H*面成45° 夹角。

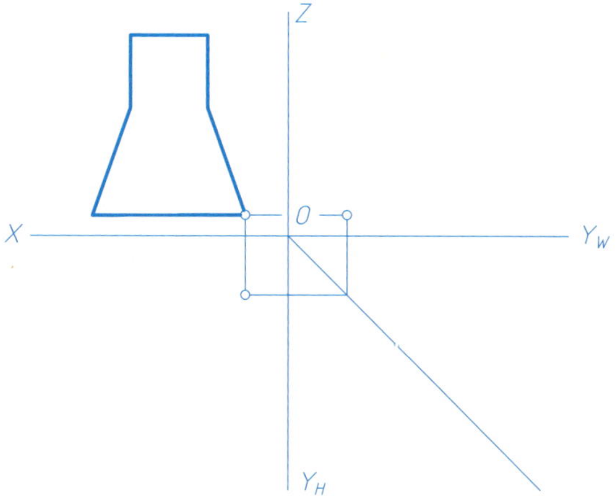

(2) 平面为正垂面，与*H*面成30° 夹角。

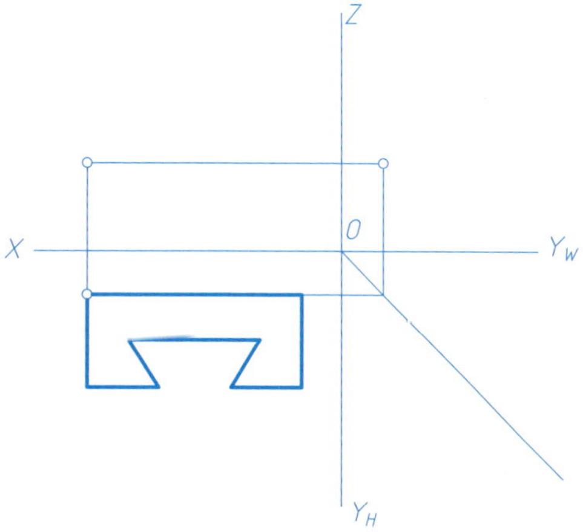

(3) 平面为铅垂面，与*V*面成60° 夹角。

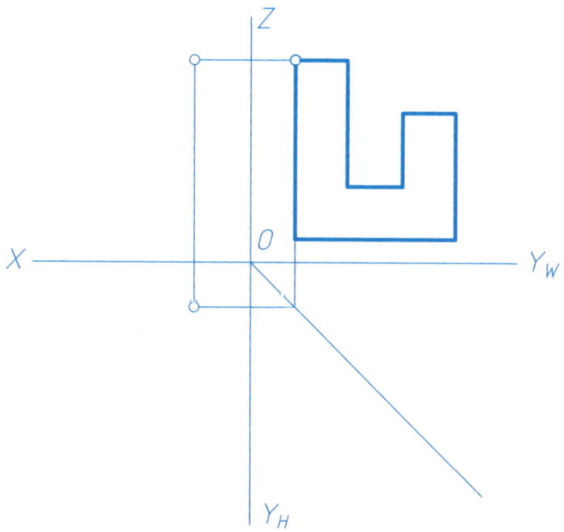

5. 包含直线AB作铅垂面（用三角形表示）。

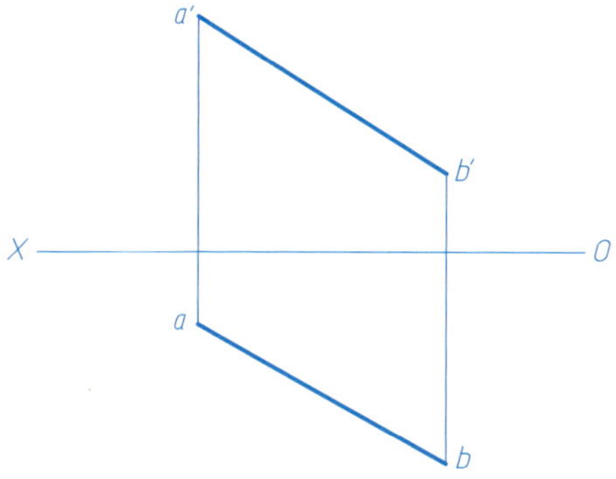

6. 包含直线AB作正垂面（用三角形表示）。

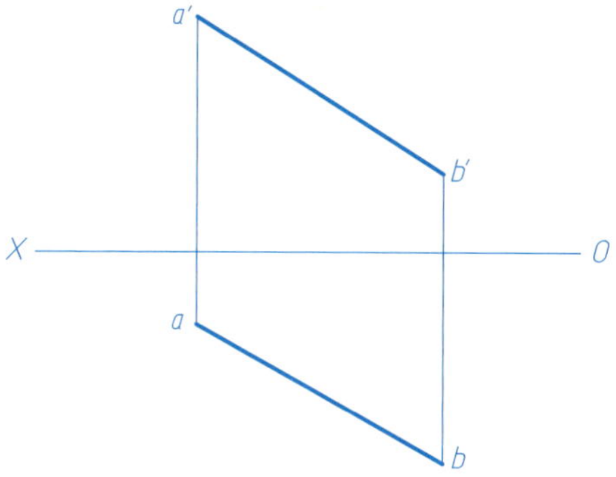

7. 判断点M、N是否在△ABC内。

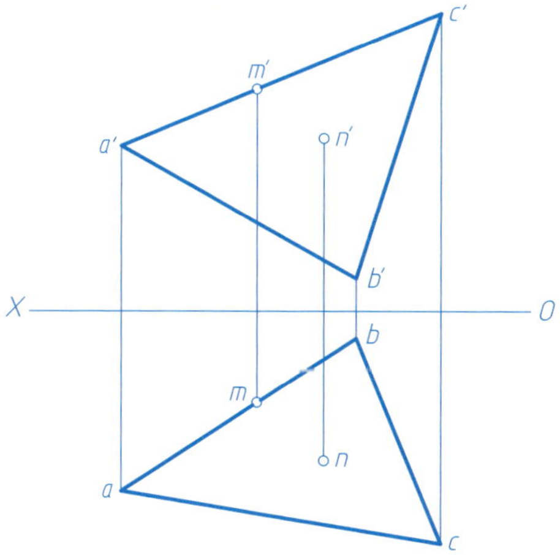

点M ______ △ABC内；
点N ______ △ABC内。

8. 判断直线AE是否在两相交直线AB、BC所决定的平面内。

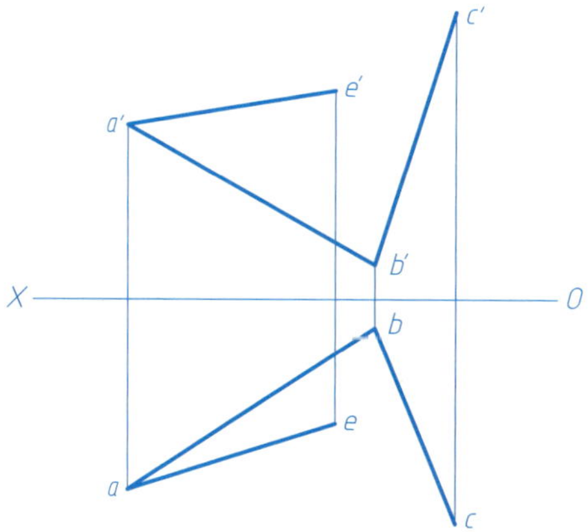

直线AE ______ 平面内。

9. 点K在△ABC平面内，补全其另一投影。

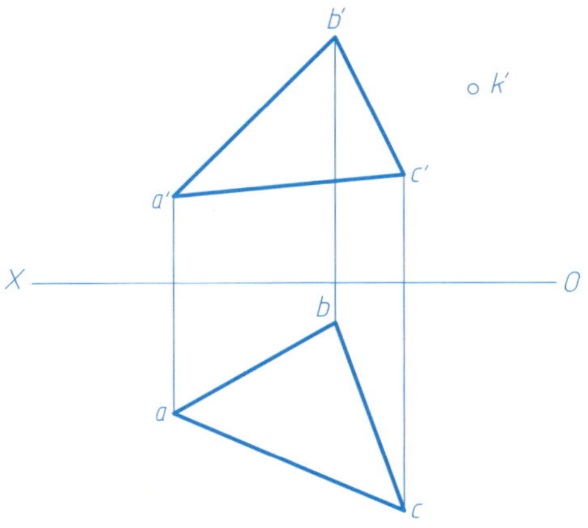

10. 直线EF在△ABC平面内，补全其另一投影。

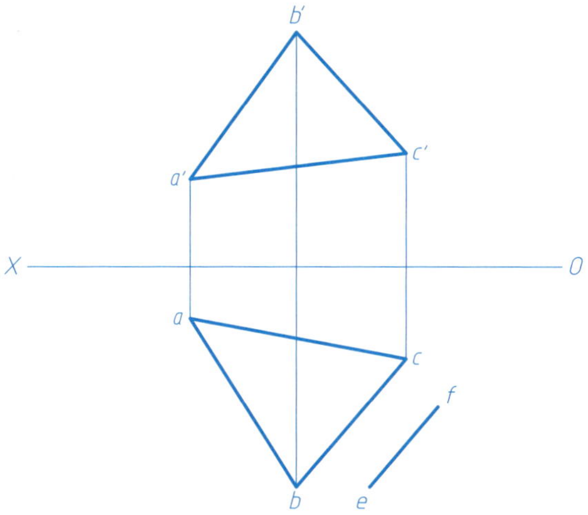

11. △EFG在平行四边形ABCD平面内，补全其水平投影。

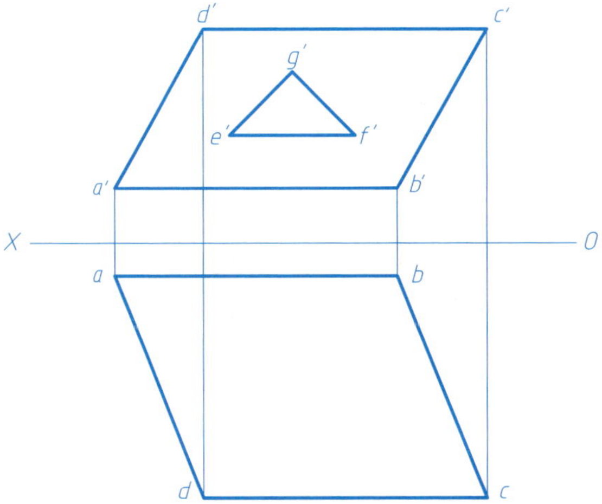

12. 完成五边形ABCDE的两面投影。

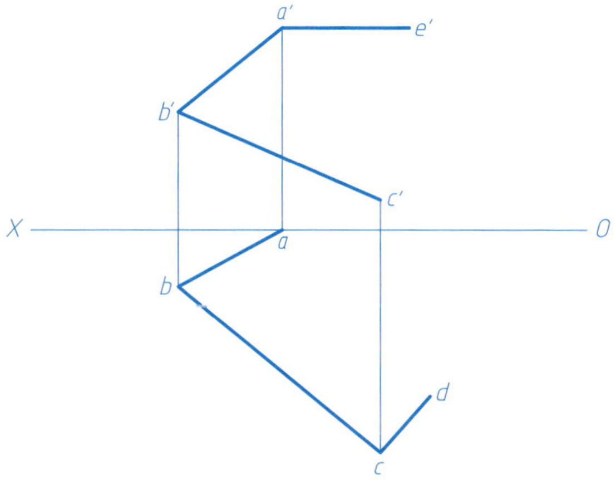

13. 在$\triangle ABC$内分别作一距H面20 mm的水平线、距V面10 mm的正平线。

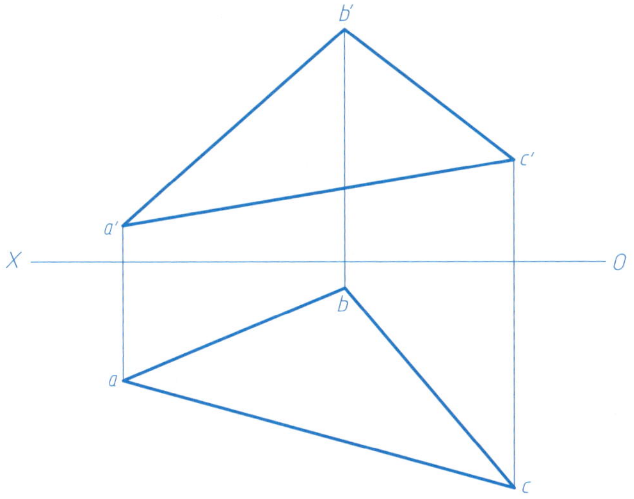

14. 过点C作$\triangle ABC$对水平面的最大斜度线。

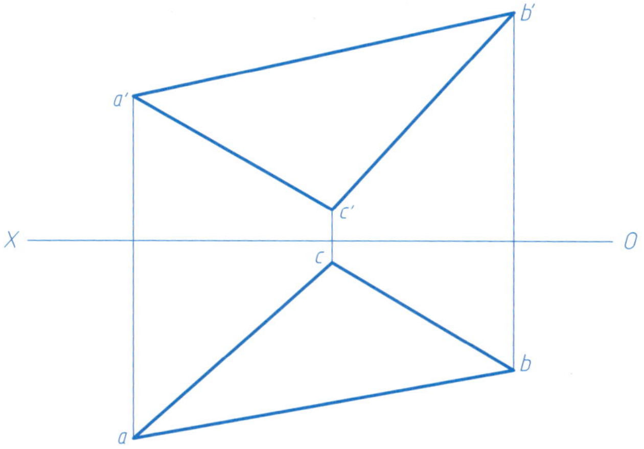

15. 求两平行直线所决定的平面与H面的夹角α。

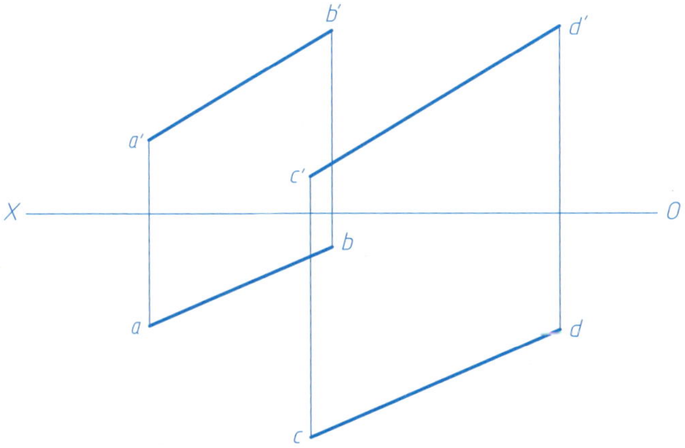

16. 已知$\triangle ABC$平面与H面的夹角α=30°，求c'。

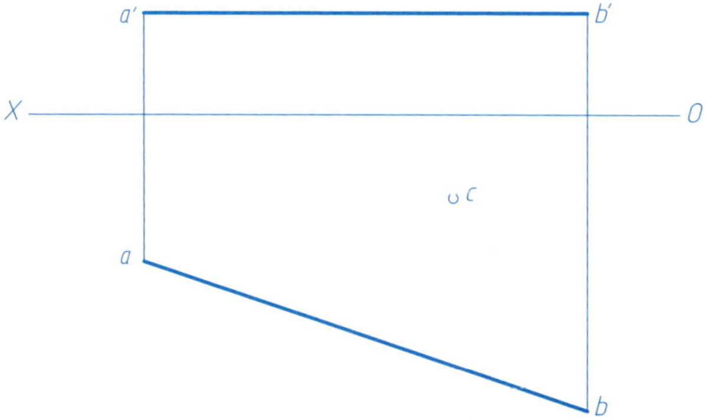

班级:________ 姓名:________ 学号:________

17. 球Q从斜坡（平面ABCD）滚下，作出其轨迹的投影。若球从M点滚至30 mm远处的N点，求作点N的投影n 、n′。

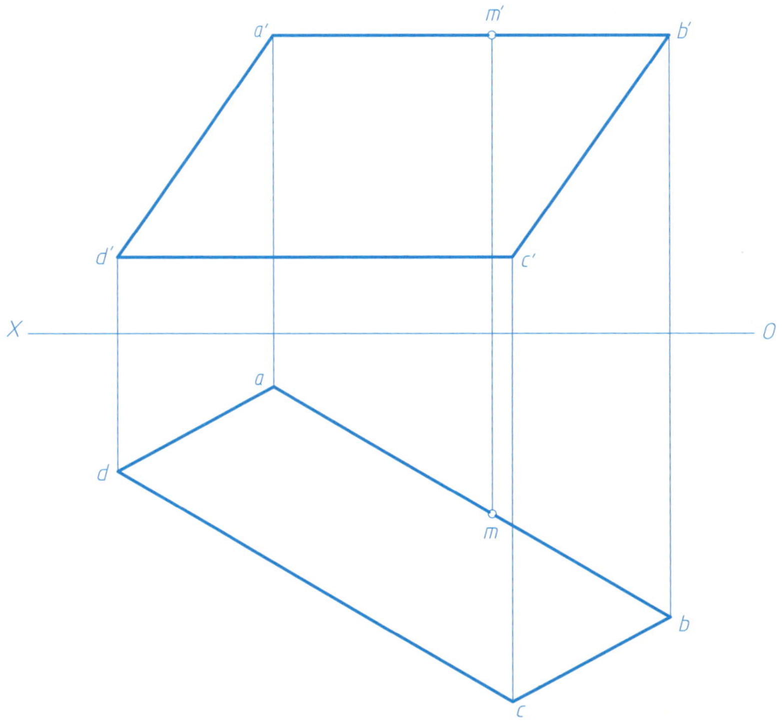

18. 已知正方形ABCD的正面投影和点A的水平投影，求作其水平投影。

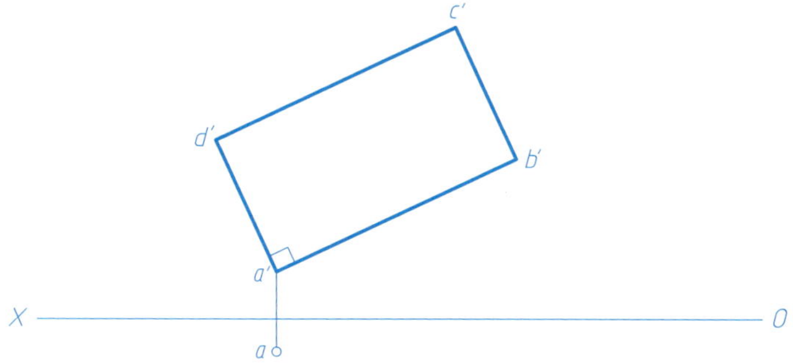

19. 已知正方形ABCD为铅垂面，其对角线AC为水平线，试完成该正方形的三面投影。

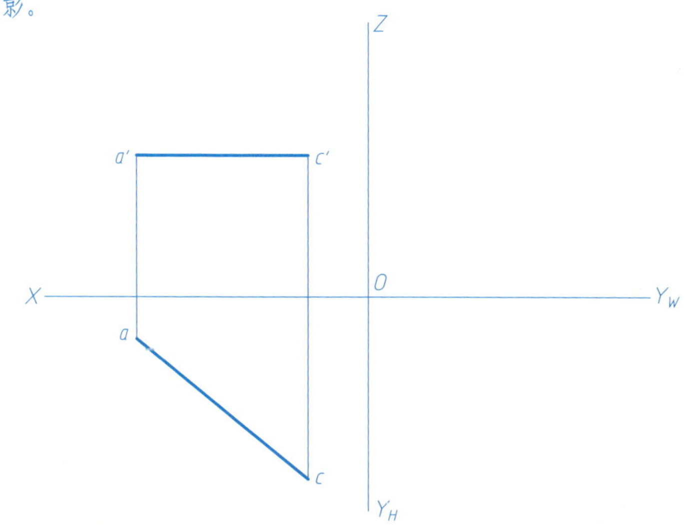

3.4 直线、平面的相对关系

1. 判别直线与平面是否平行。

(1)

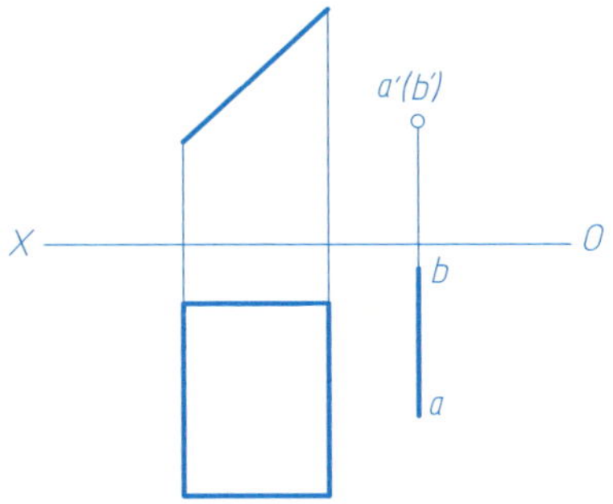

(　　)

(2)

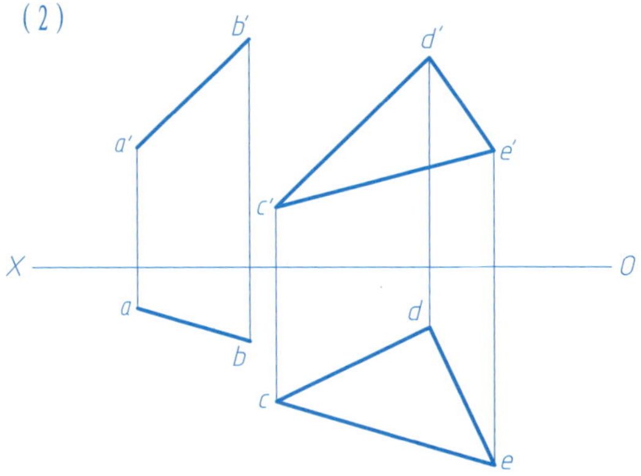

(　　)

(3)

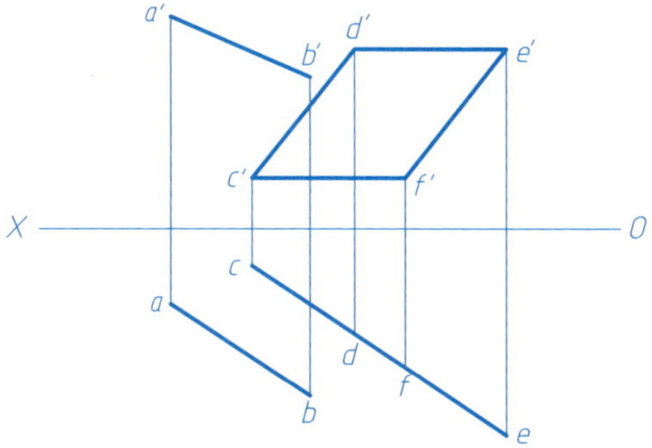

(　　)

2. 过点K作一水平线KL，使其平行于由AB和CD所决定的平面，并使KL=15 mm。

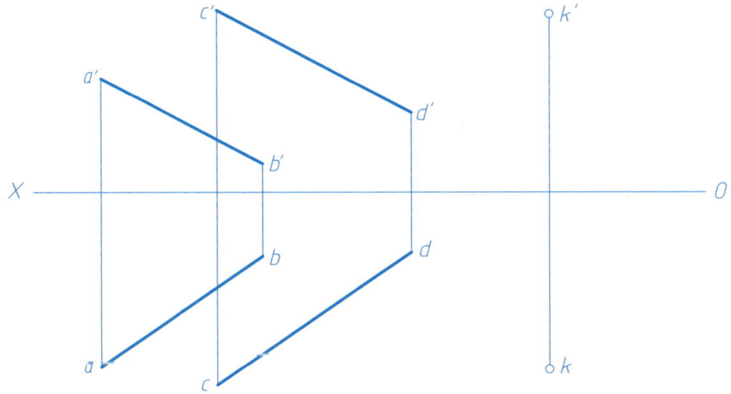

3. 已知直线MN∥△ABC，试完成△ABC的投影。

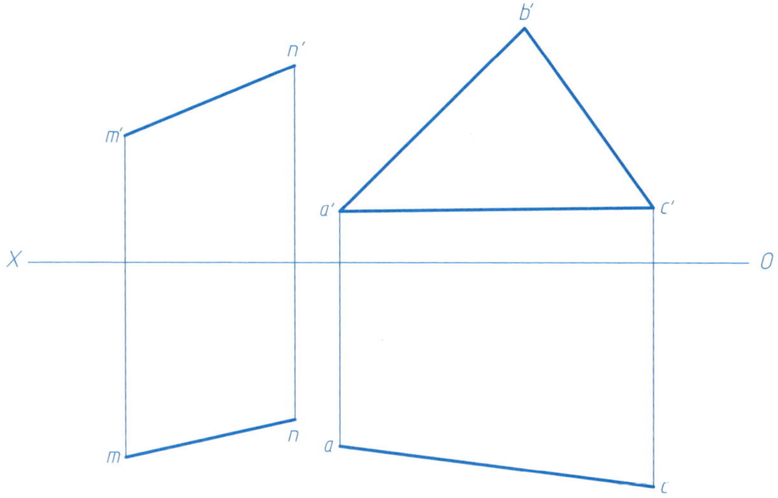

4. 求作直线*AB*与平面的交点*K*，并判别可见性。

(1)

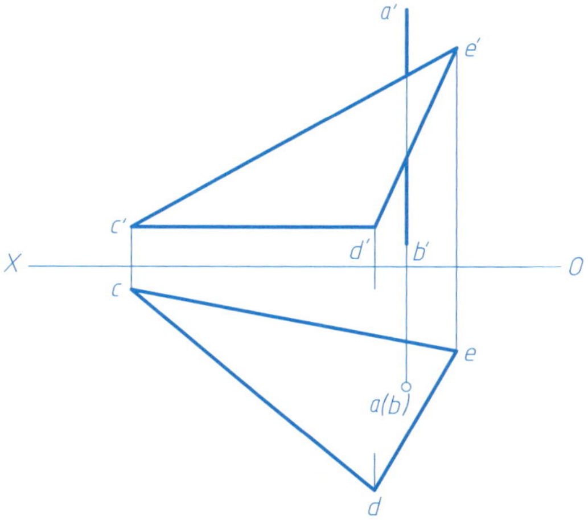

(2)

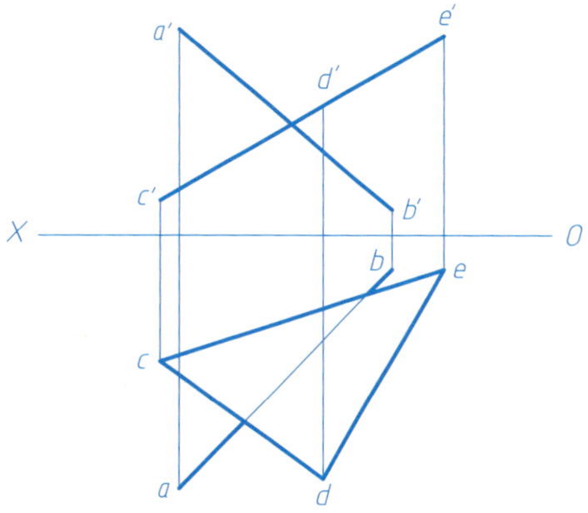

(3)

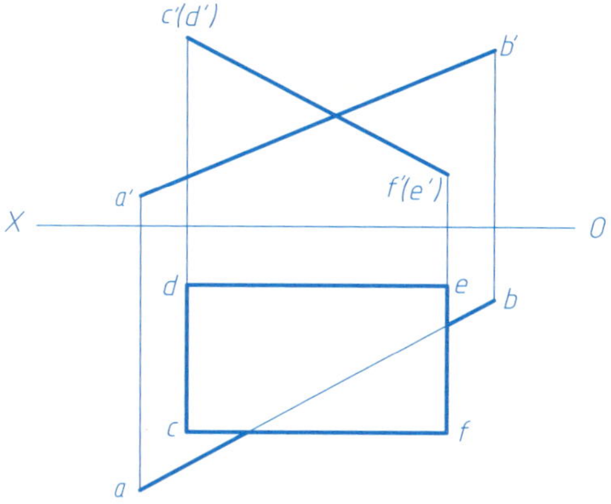

5. 求作直线*AB*与平面的交点*K*，并判别可见性。

(1)

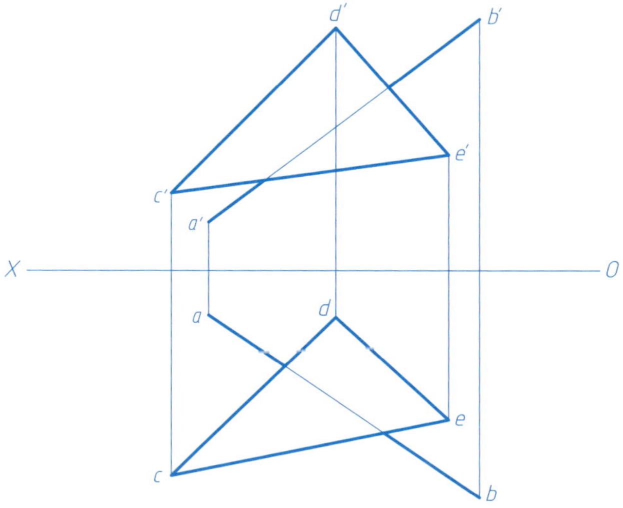

(2)

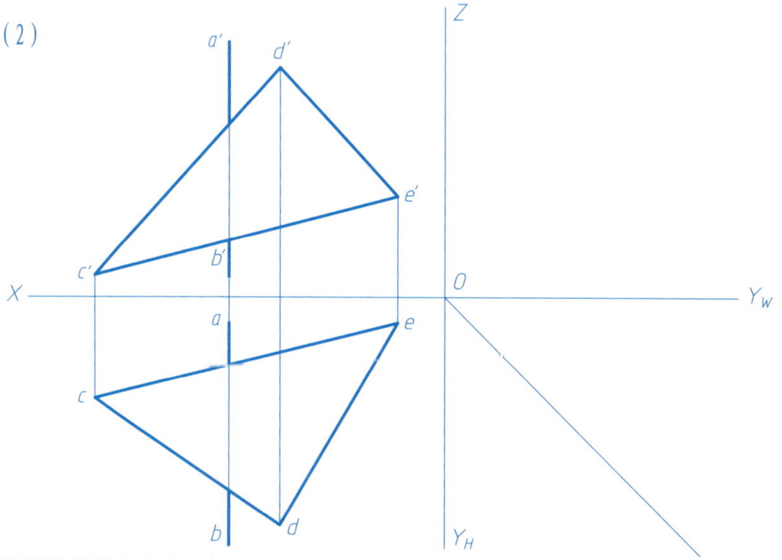

班级:________ 姓名:________ 学号:________

6. 过点K作直线垂直于已知平面，并求垂足。

(1)

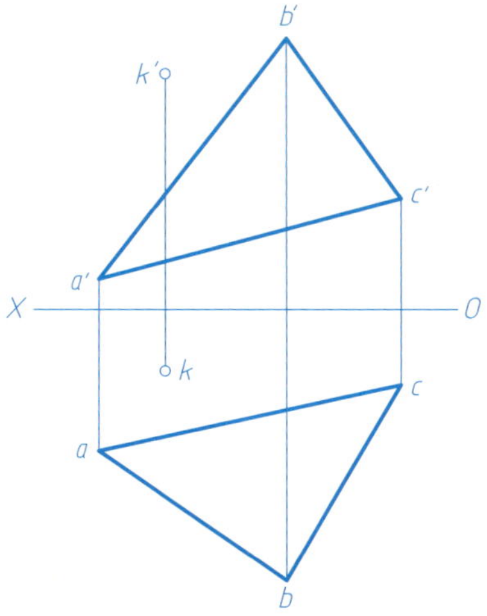

(2)

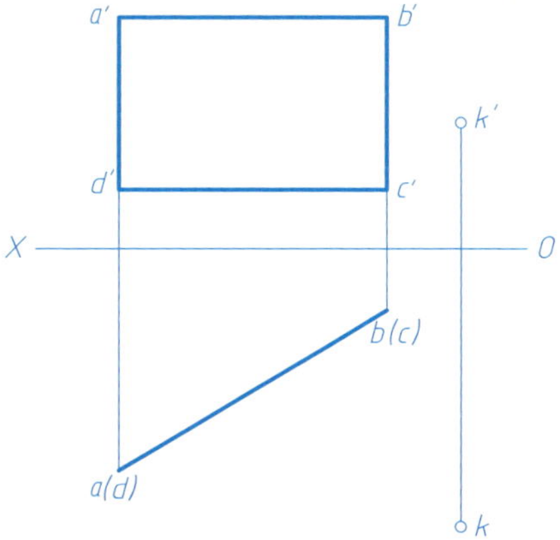

7. 求点K到平面的距离。

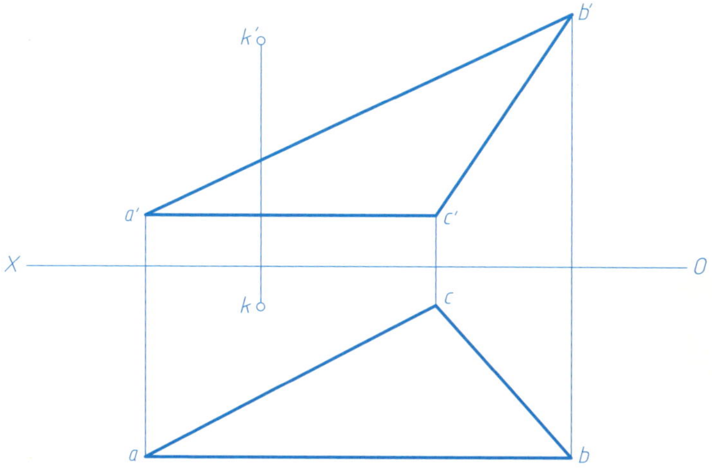

8. 求点K到直线的距离。

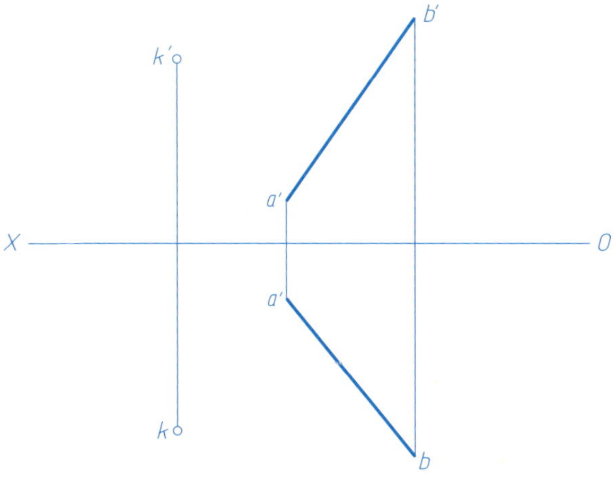

9. 过点K作平面（用相交直线表示）垂直于已知直线。

(1)

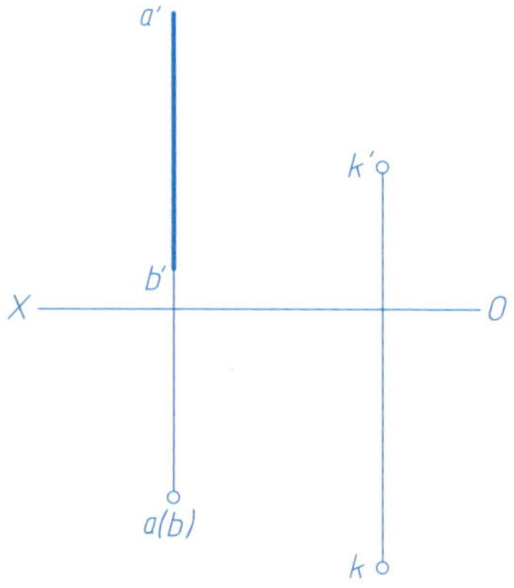

(2)

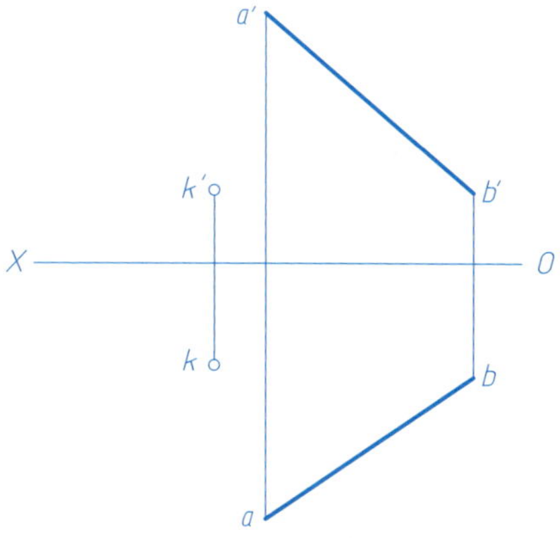

班级:________ 姓名:________ 学号:________

10. 判别两已知平面是否平行。

(1)

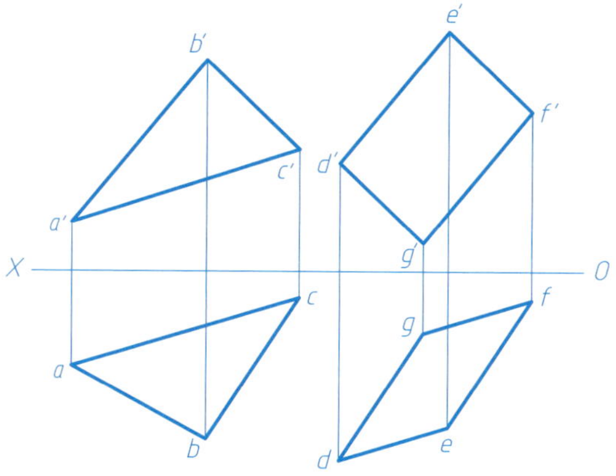

(   )

(2)

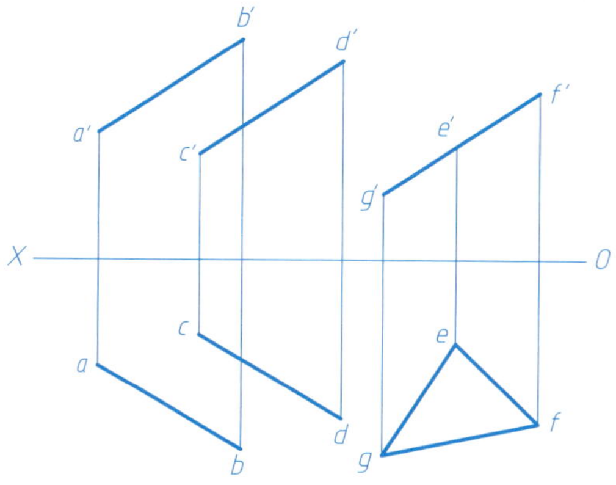

(   )

(3)

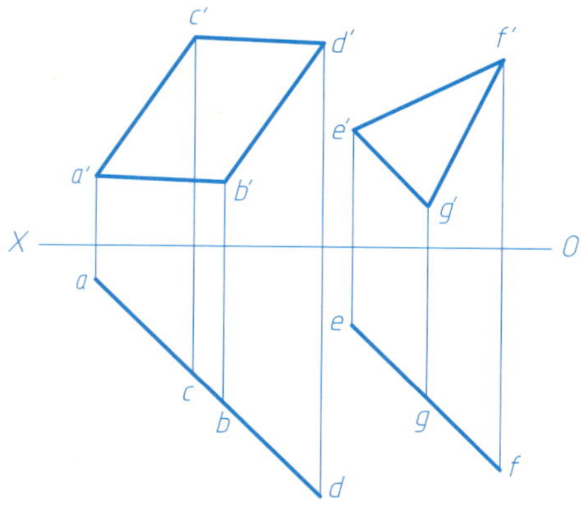

(   )

11. 过点K作平面平行于由AB、BC所决定的平面。

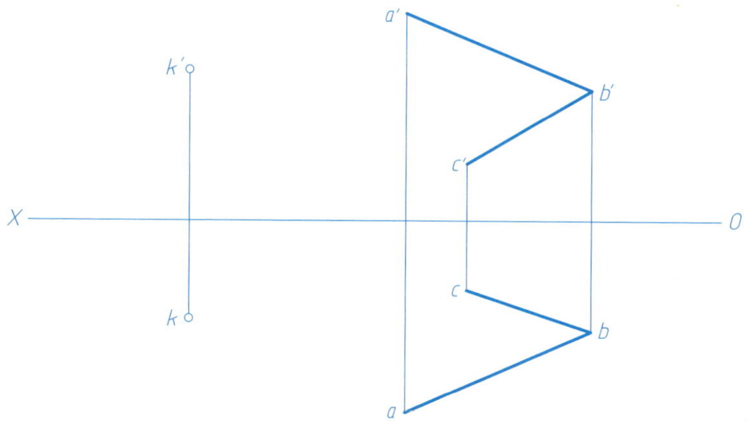

12. 过点K作平面平行于△ABC平面。

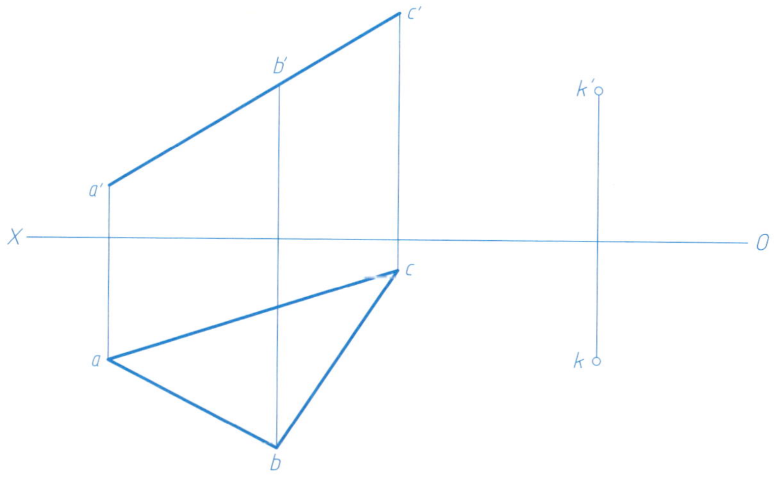

班级:________ 姓名:________ 学号:________

13. 求作两平面的交线*KL*，并判别可见性。

(1)

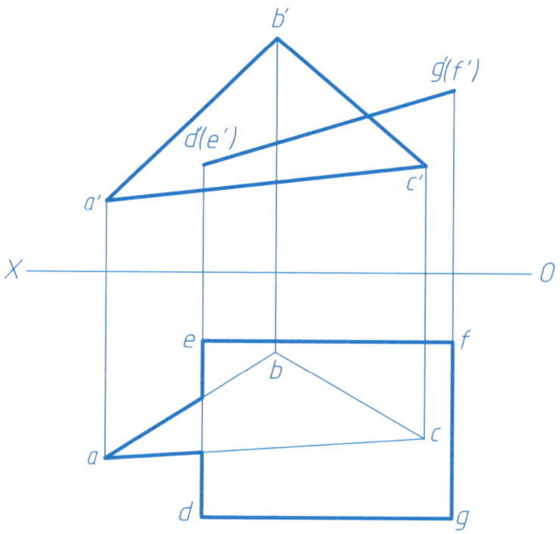

(2)

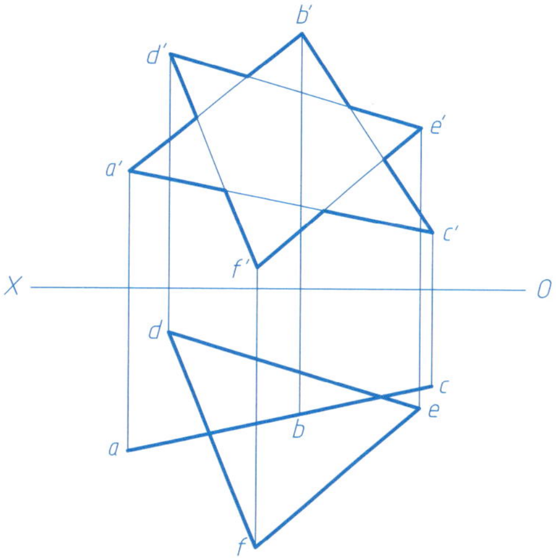

(3)

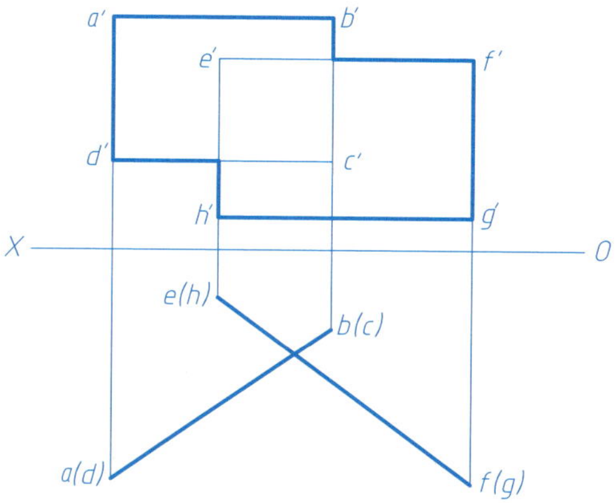

(4)

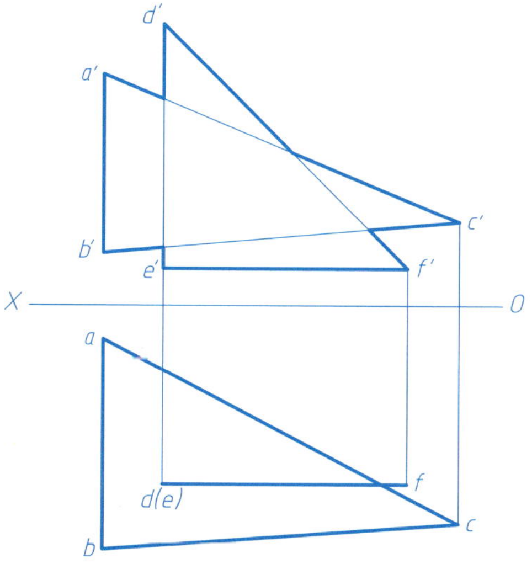

(5)

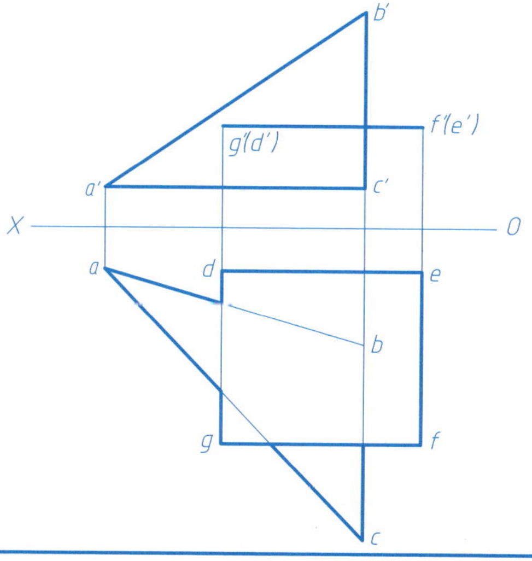

14. 求作两平面三角形的交线*KL*，并判别可见性。

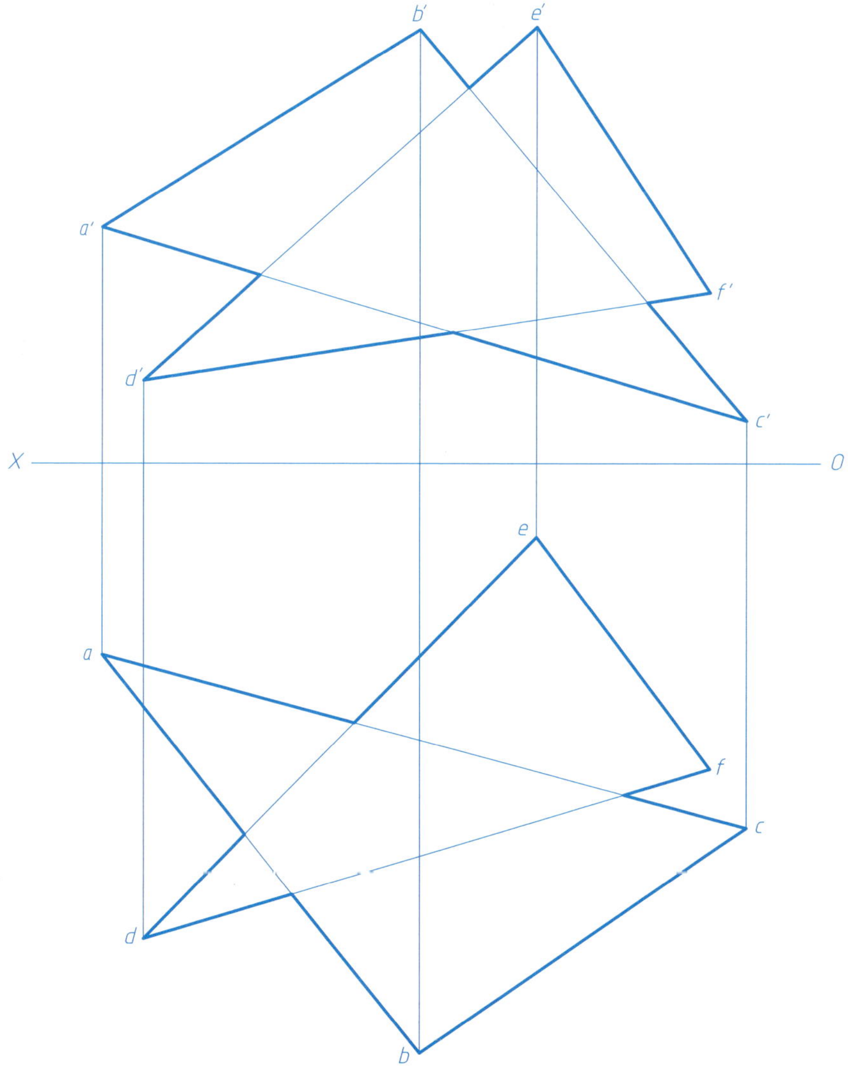

15. 求作两平面的交线*KL*。

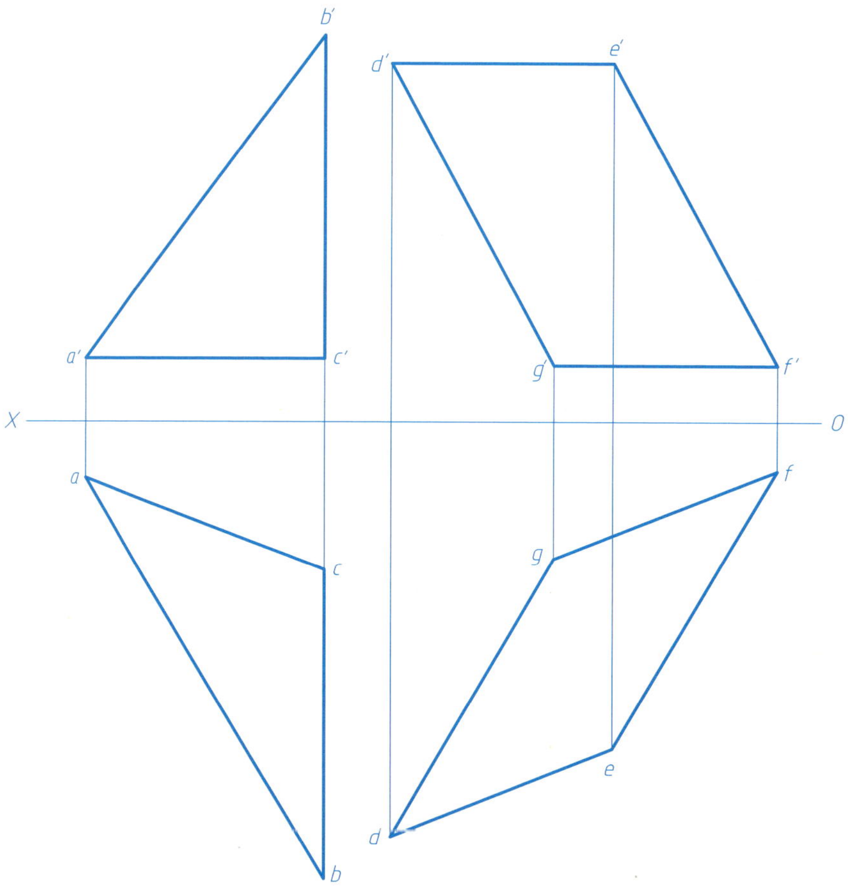

班级:________ 姓名:________ 学号:________

16. 已知△*ABC*垂直于平面*DEFG*，试完成其水平投影。

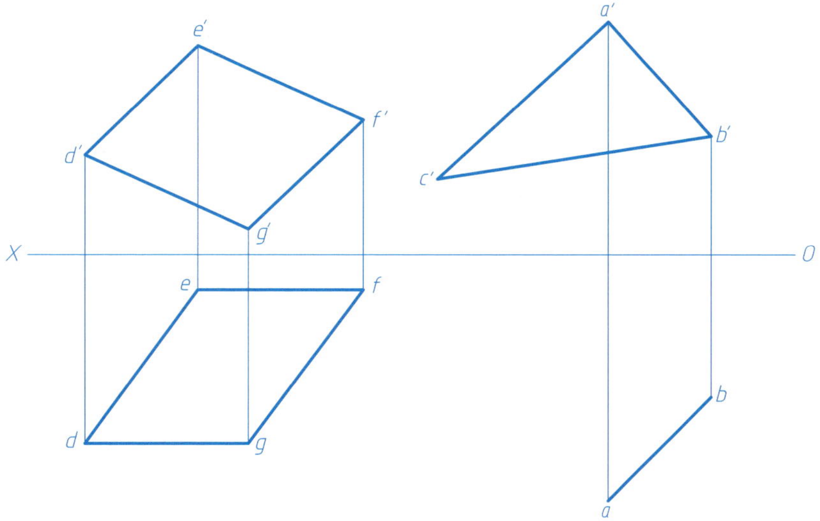

17. 过点*K*作平面平行于直线*DE*，并垂直于△*ABC*。

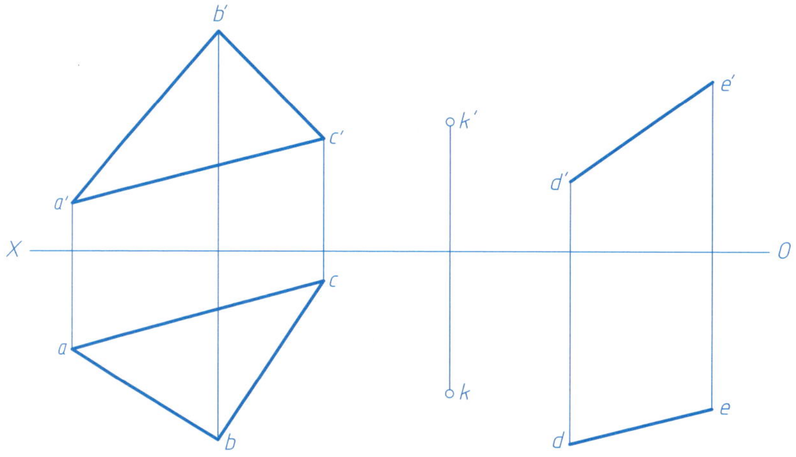

18. 在直线*CD*上找一点*K*，使其与点*A*和点*B*的距离相等。

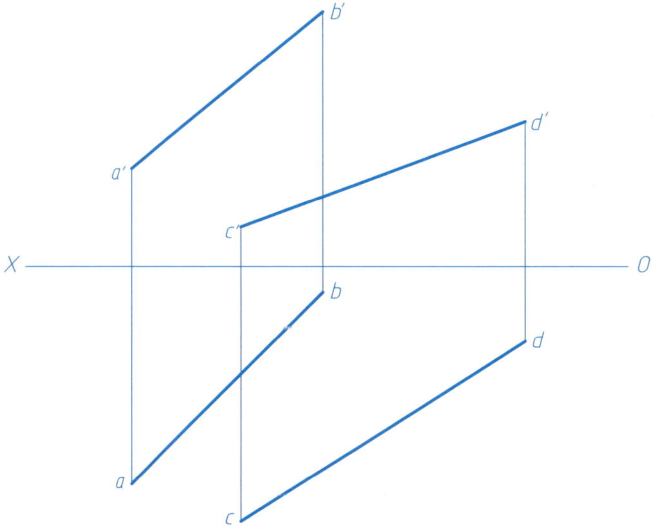

19. 已知直线*AB*垂直于直线*BC*，求作直线*BC*的水平投影。

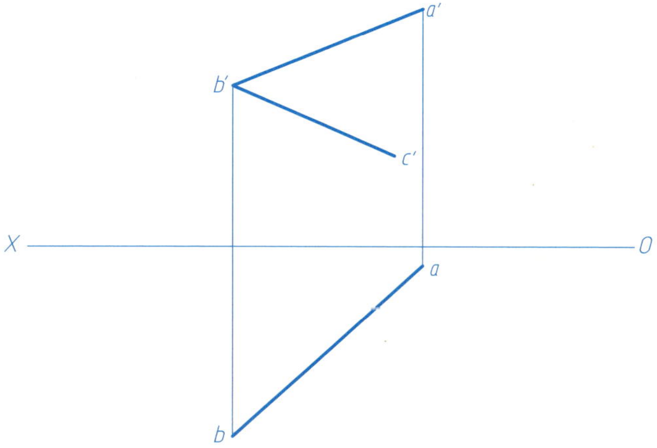

班级:________ 姓名:________ 学号:________

20. 已知等边△ABC的BC边在直线EF上，点A已定，试完成其投影（EF∥V面）。

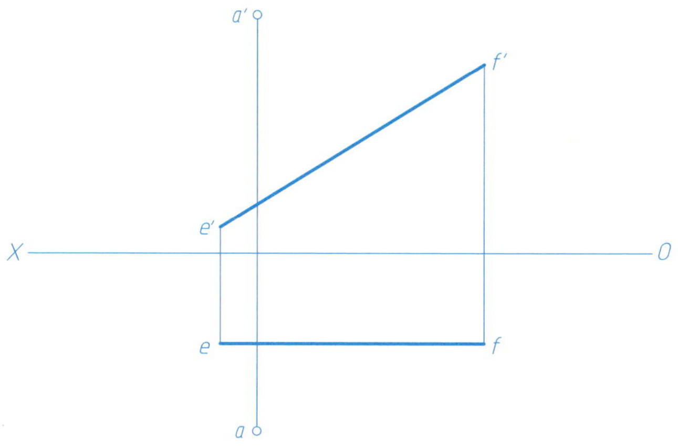

21. 已知正方形ABCD的水平投影中对角线AC反映实长，求作其正面投影。

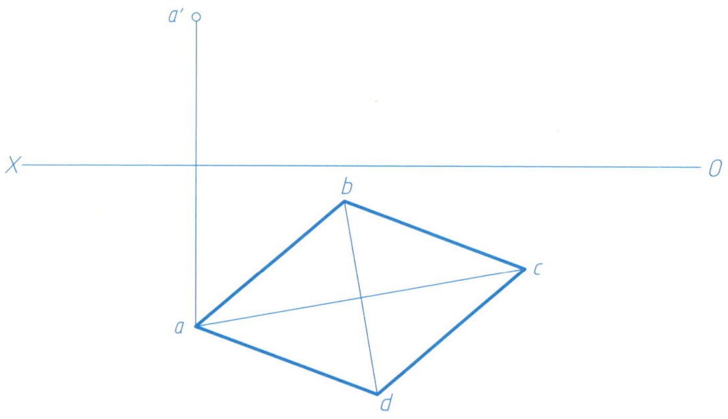

22. 过点K作直线平行于△ABC，并与直线MN相交。

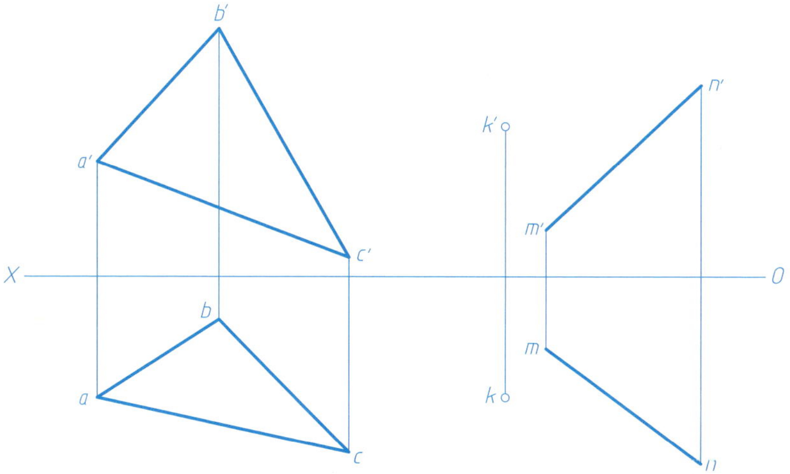

23. 作直线MN与直线CD、EF都相交，且平行于直线AB。

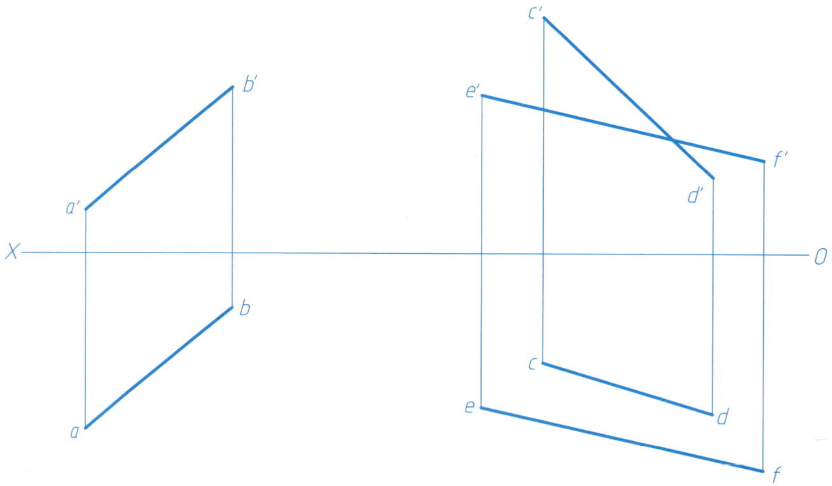

班级:________ 姓名:________ 学号:________

3.5 平面立体的投影

1. 根据形体的两面投影，补画第三面投影。

(1)

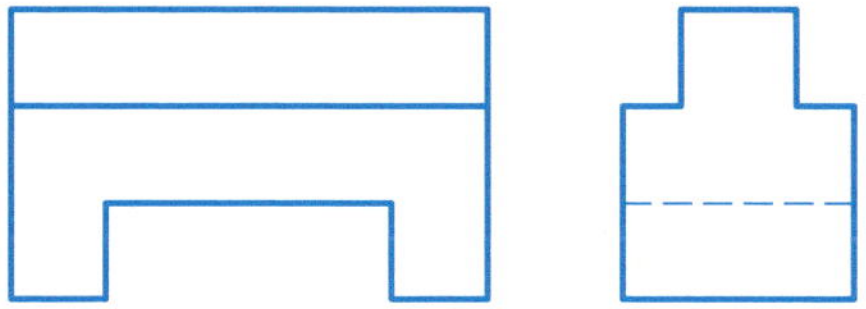

(2)

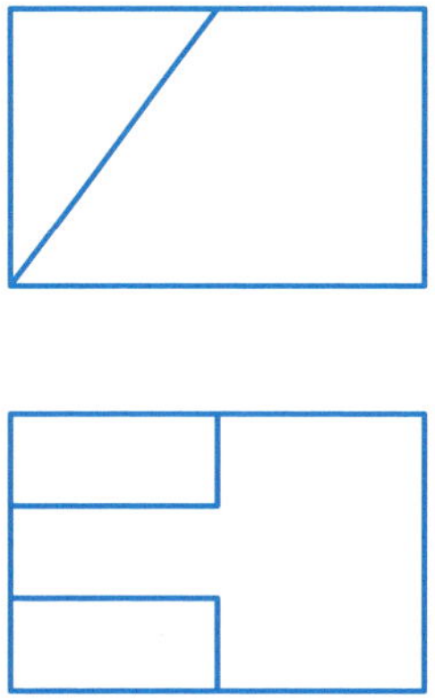

(3)

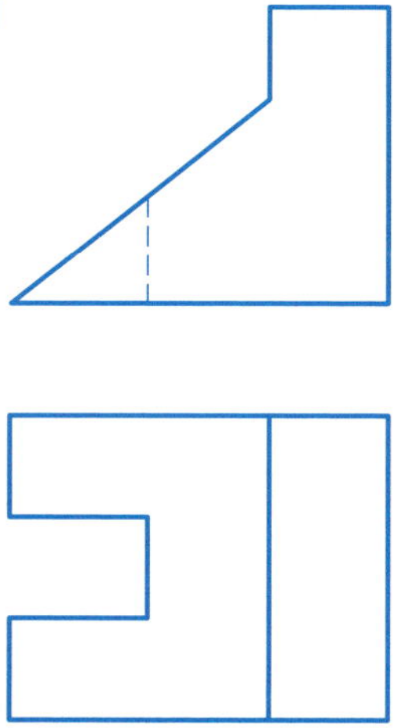

(4)

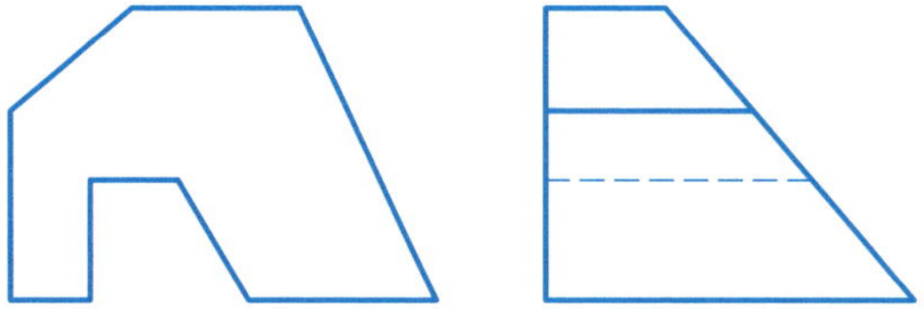

(5)

(6)

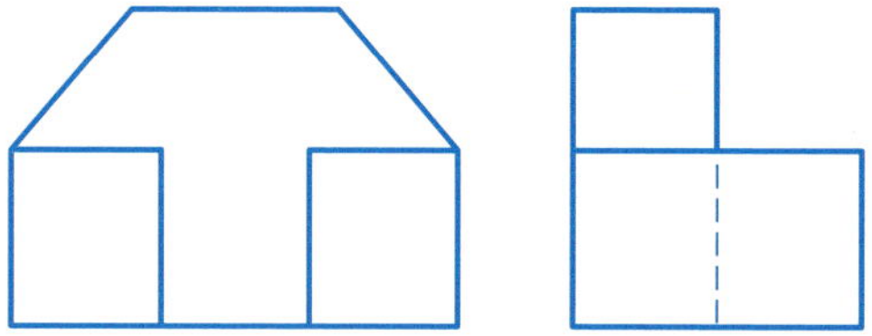

班级:________ 姓名:________ 学号:________

2. 根据形体的两面投影，补画第三面投影。

(1)

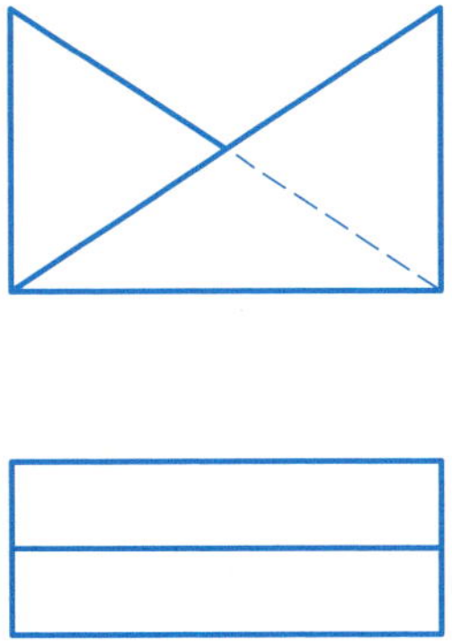

(2)

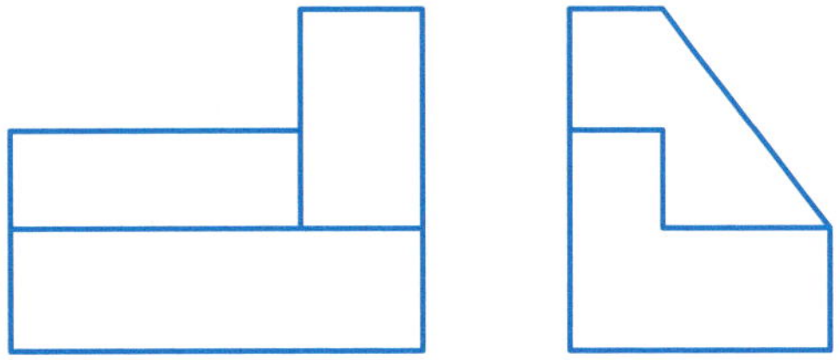

(3)

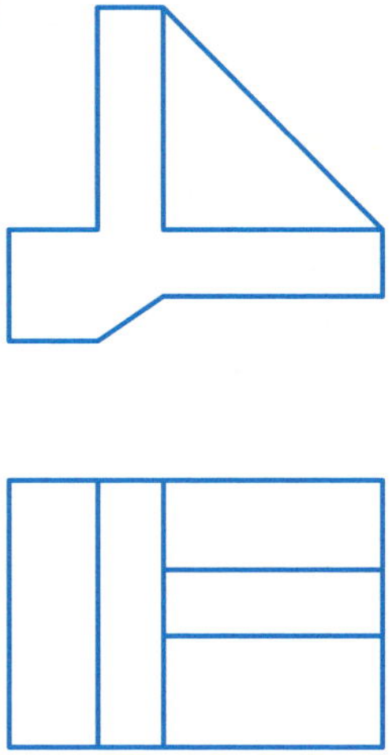

(4)

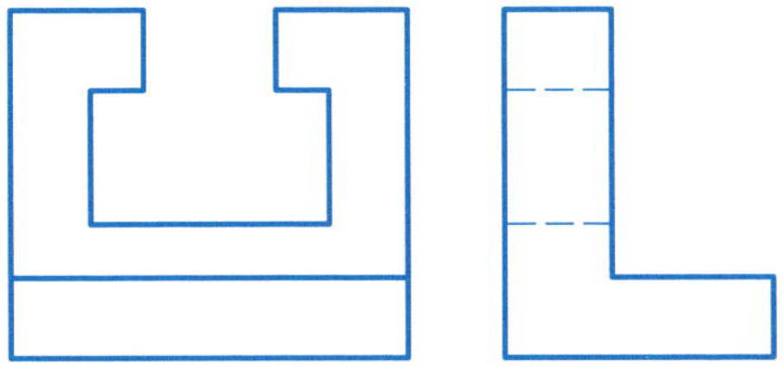

(5)

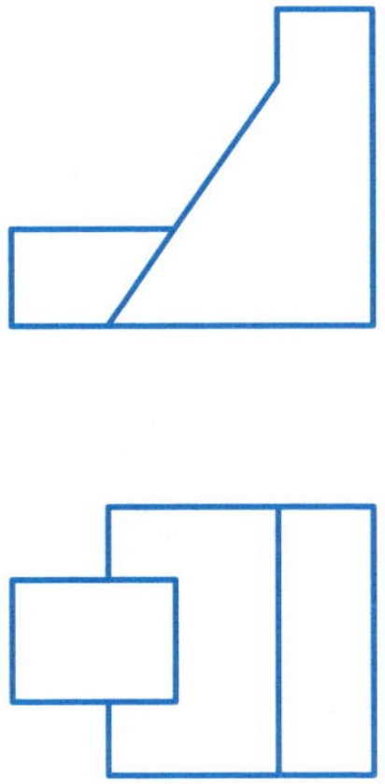

(6)

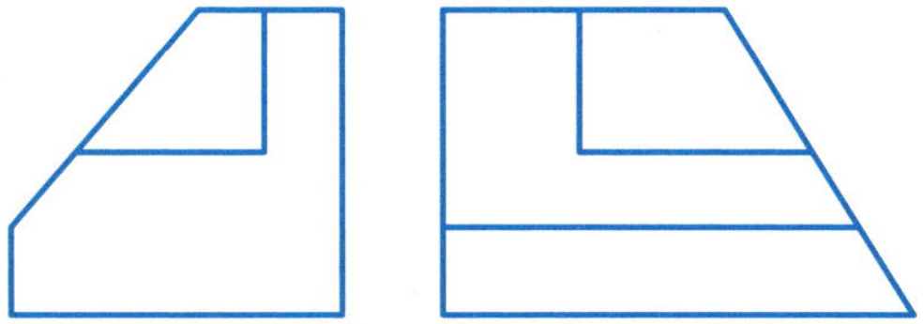

班级：________ 姓名：________ 学号：________

3. 根据形体的两面投影，补画第三面投影。（可供绘制轴测图选用）

(1)

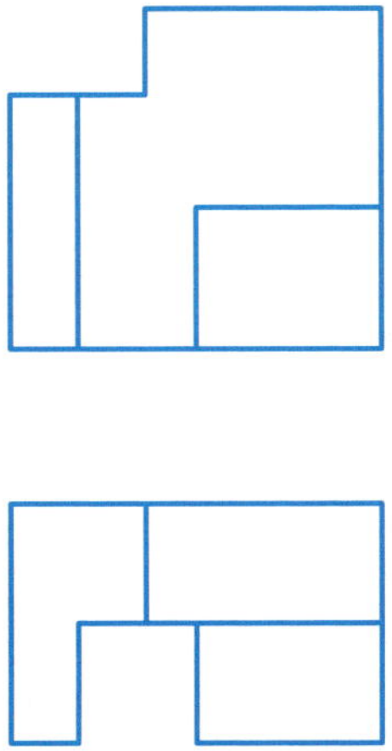

(2)

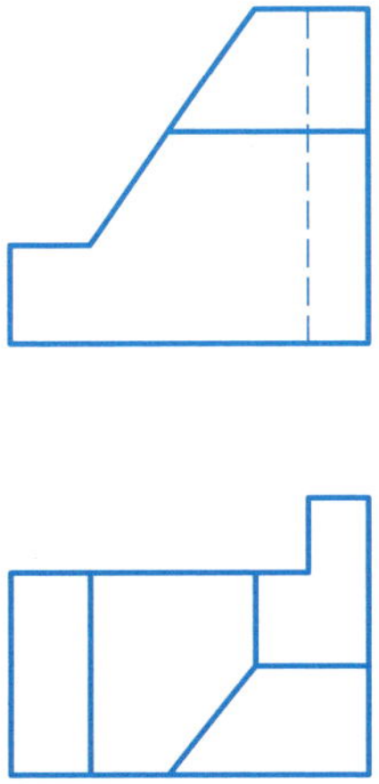

(3)

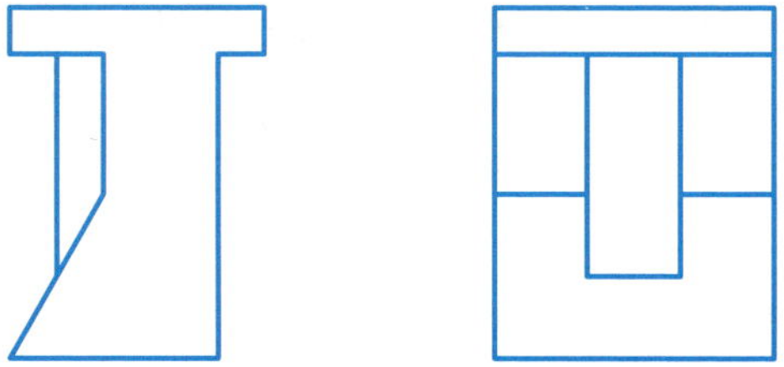

(4)

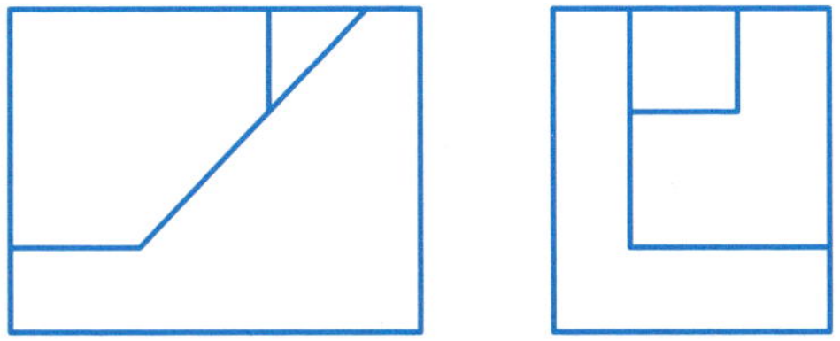

(5)

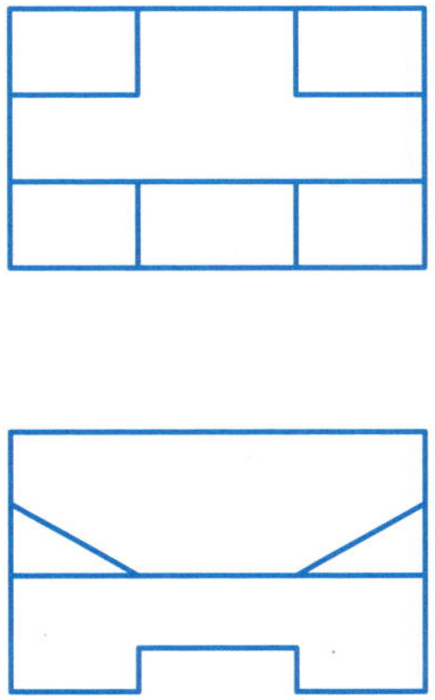

(6)

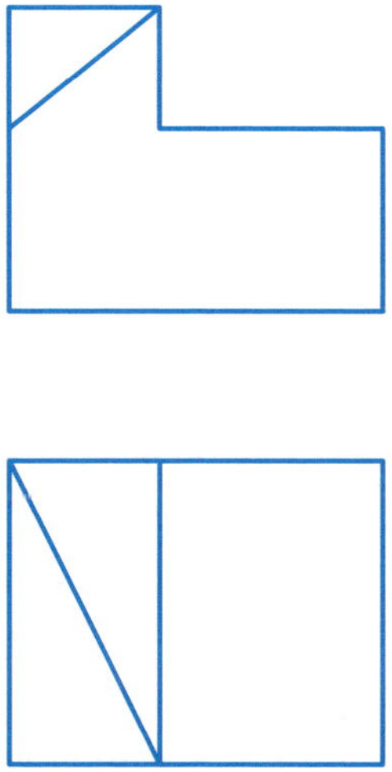

班级:________ 姓名:________ 学号:________

4. 求作带切口的基本形体的另两面投影。

(1) 求作带切口的四棱柱的H、W面投影。

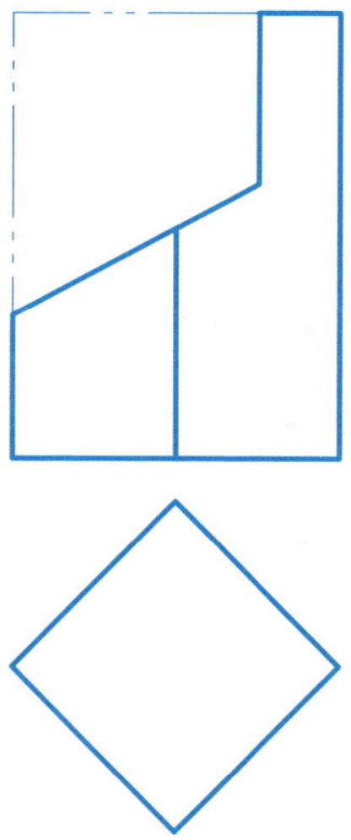

(2) 求作带切口的正三棱锥的H、W面投影。

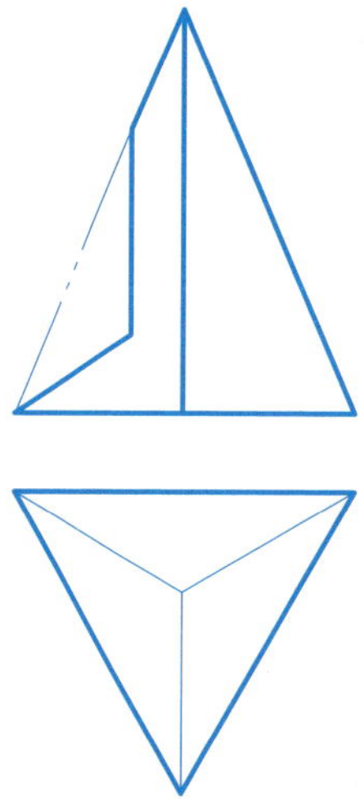

(3) 求作带切口的正四棱锥的H、W面投影。

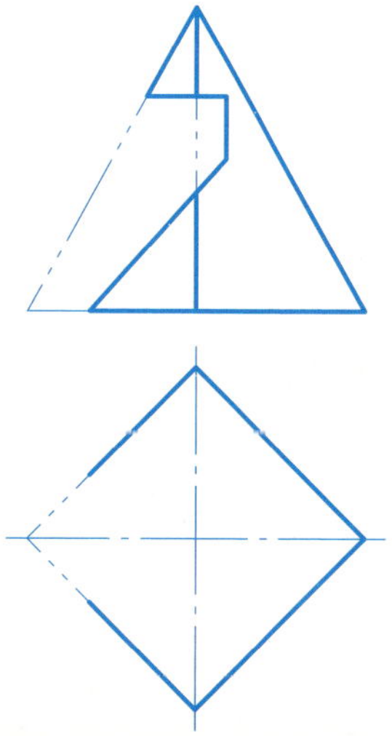

(4) 求作四棱台被截切后的V、H面投影。

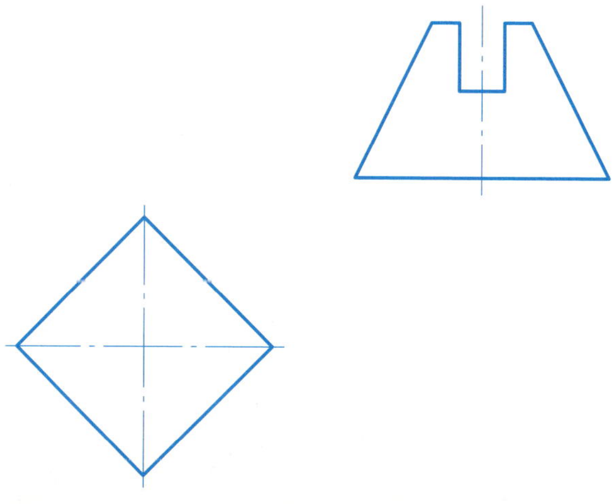

3.6 曲线的投影

1. 已知位于正垂面P内的圆O，其直径为30 mm，求作该圆的三面投影。

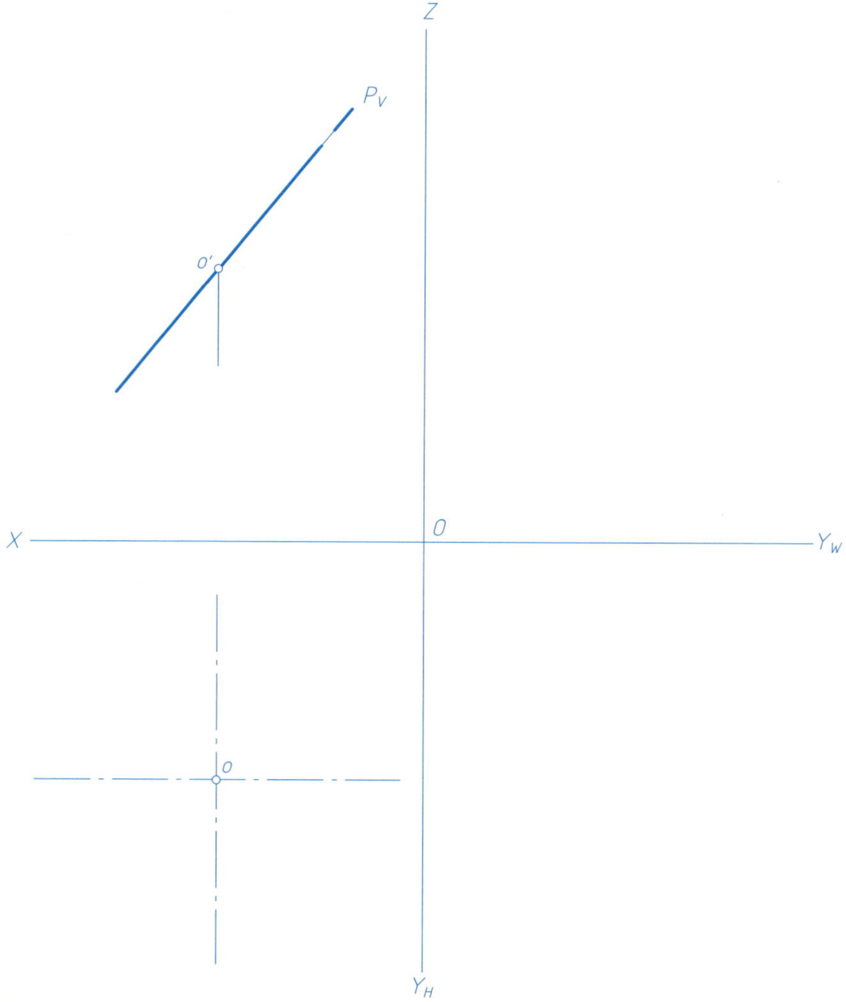

2. 以O为圆心，以40为直径的圆在四边形平面$ABCD$内，求作圆的两面投影。

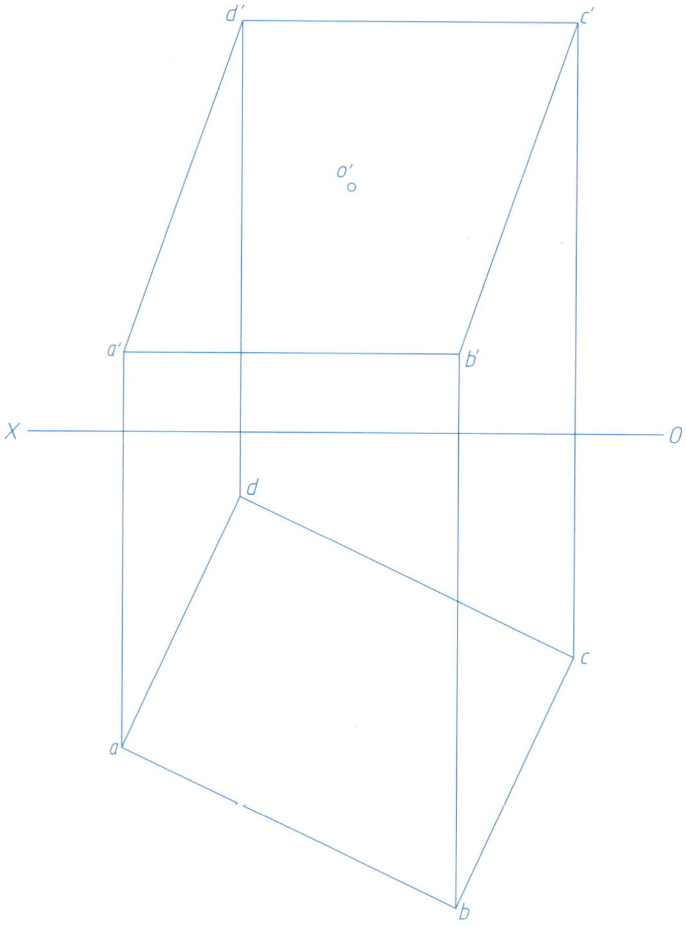

班级:________ 姓名:________ 学号:________

3.7 曲面的投影

1. 求作圆心位于点O、直径为25 mm的正平圆的三面投影。

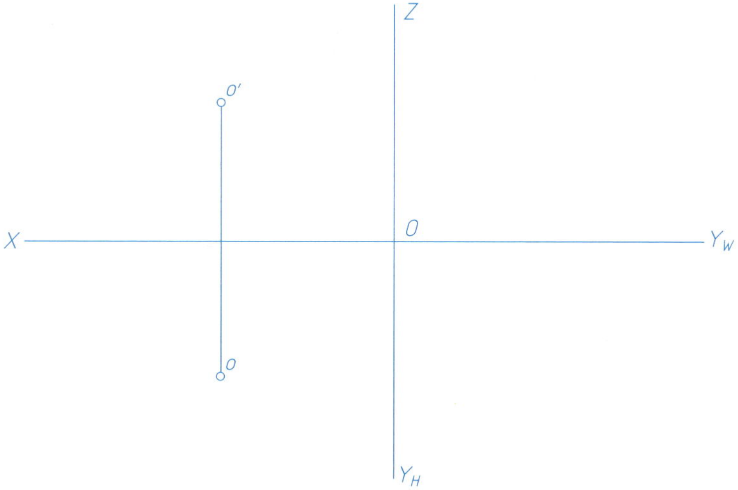

2. 求作以AA_1为母线，以OO_1为回转轴的圆柱面的三面投影。

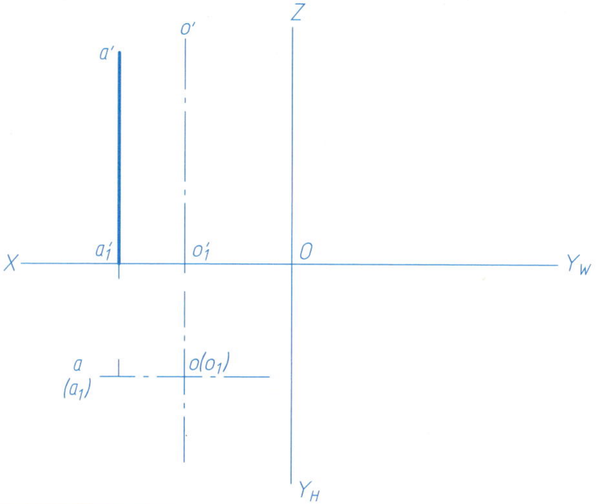

3. 求作以SA为母线，以SO为回转轴的圆锥面的三面投影。

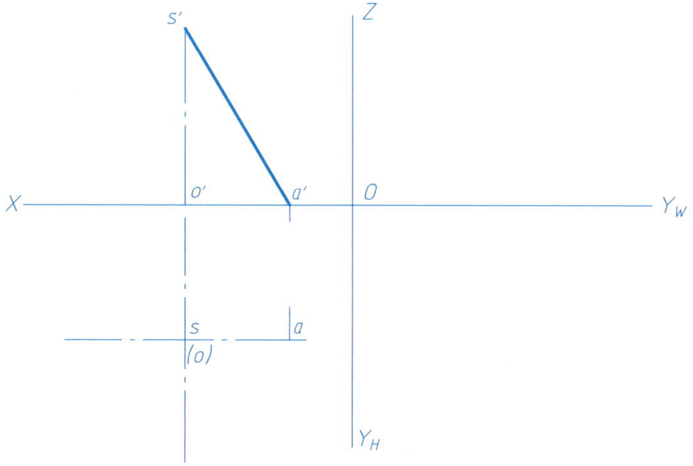

4. 求作以圆A为母线的球面的三面投影。

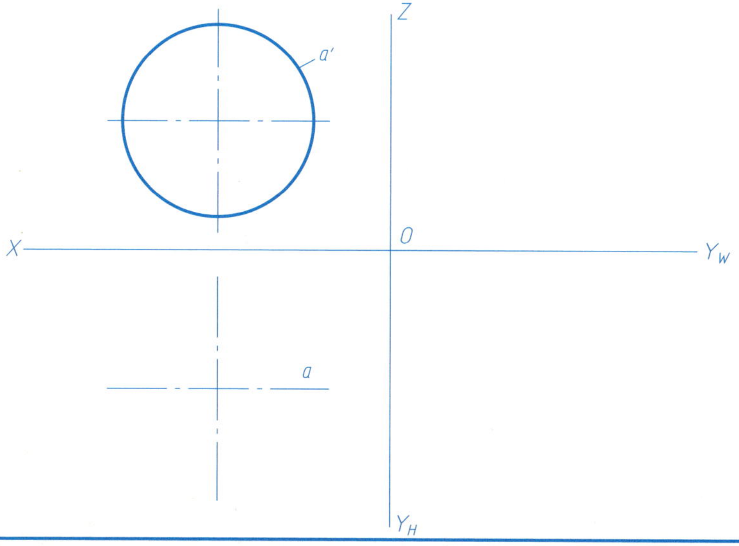

班级：________ 姓名：________ 学号：________

5. 补画圆柱的H面投影，并求作圆柱面上各点的其余两面投影。

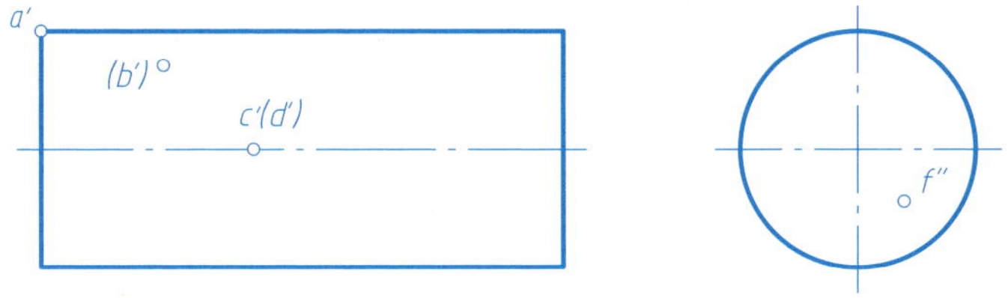

6. 已知圆柱面上线段AB、AC的一个投影，求作其余两面投影。

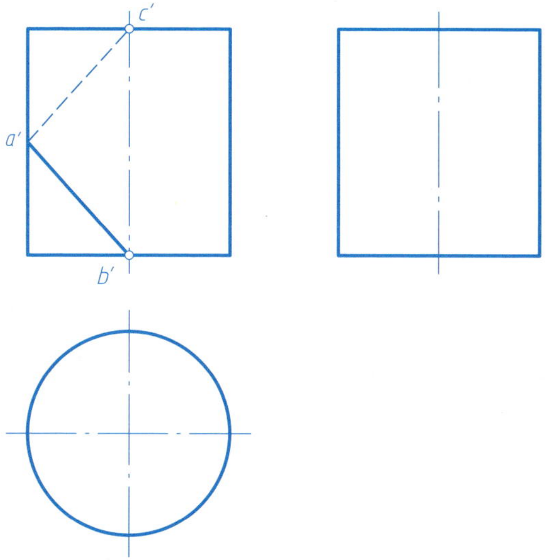

7. 补画圆柱面的W面投影，并求作圆柱面上各线段的其余两面投影。

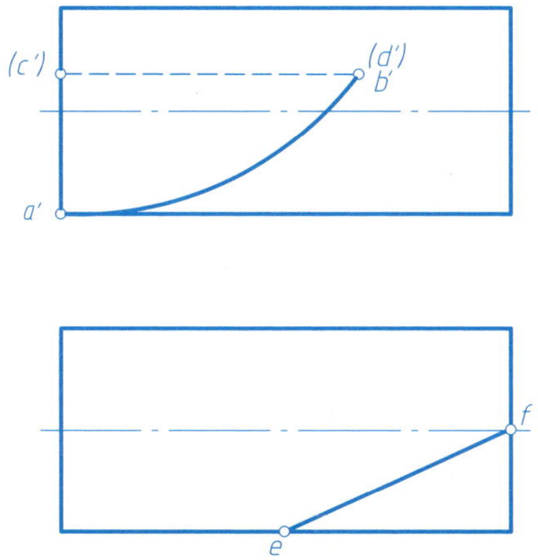

8. 已知斜椭圆柱面上点A和线段MN的V面投影，补全其H面投影。

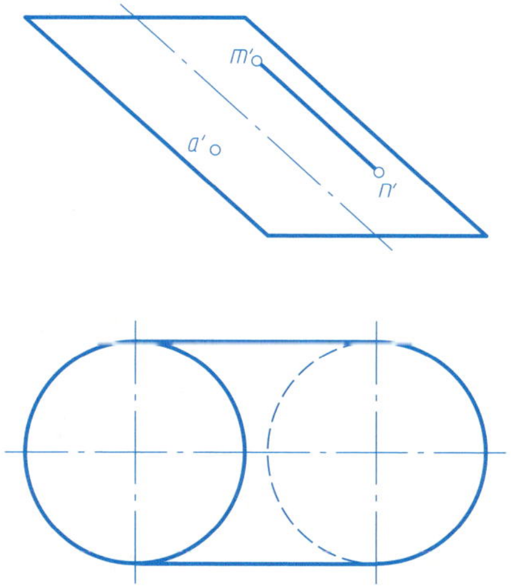

班级:________ 姓名:________ 学号:________

9. 求作圆柱面上点A、B、C、D的其余两面投影，并判别可见性。

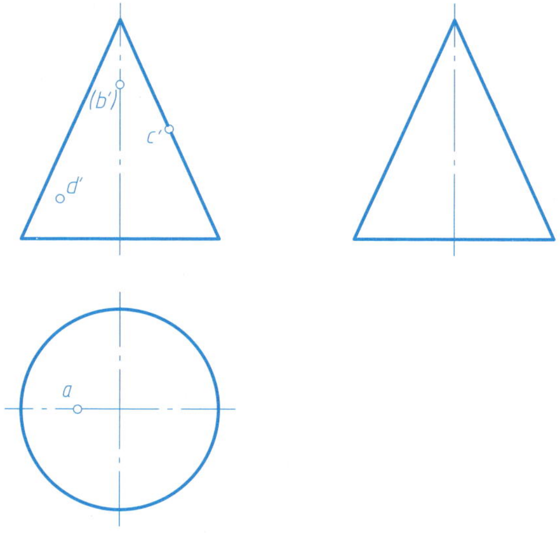

10. 求作圆锥面上各曲线段的其余两面投影，并判别可见性。

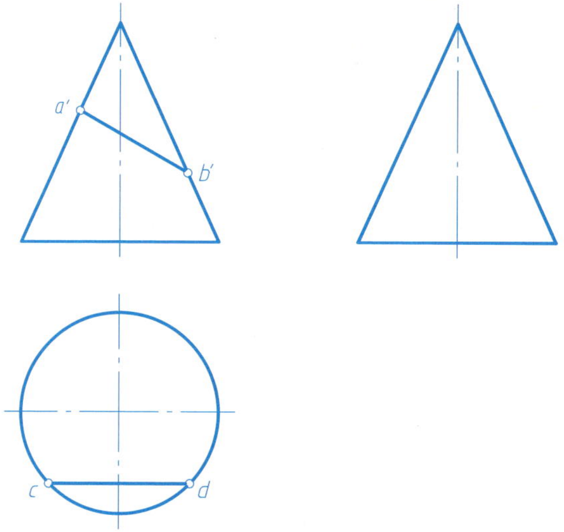

11. 已知斜椭圆锥面上点B和线段MN的V面投影，补全其H面投影。

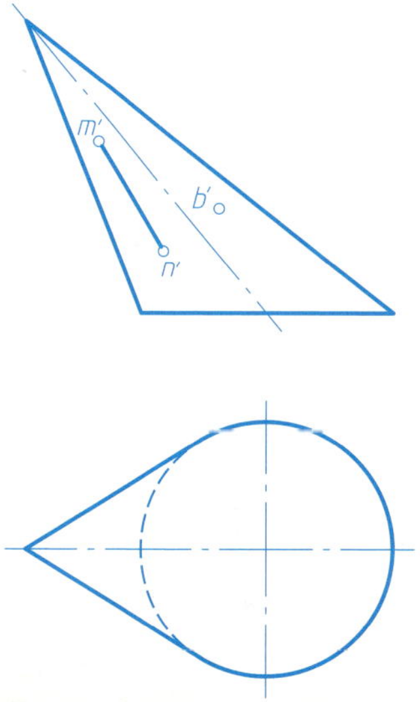

12. 已知球面上点A、B、C和曲线段MN的一个投影，求作其余两面投影。

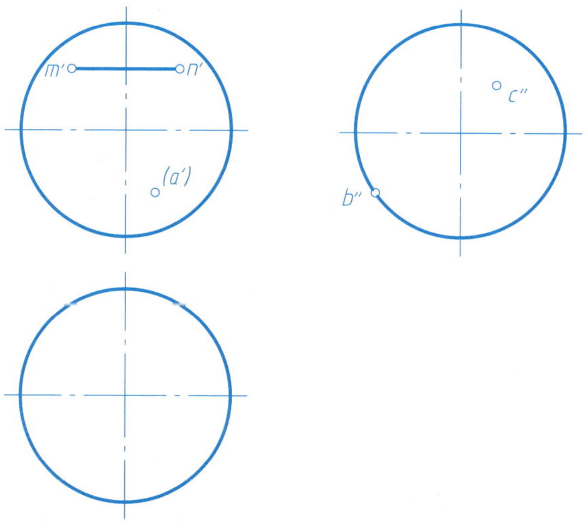

班级:________ 姓名:________ 学号:________

13. 补绘半圆环的W面投影，并求作半圆环面上各点的其余投影。

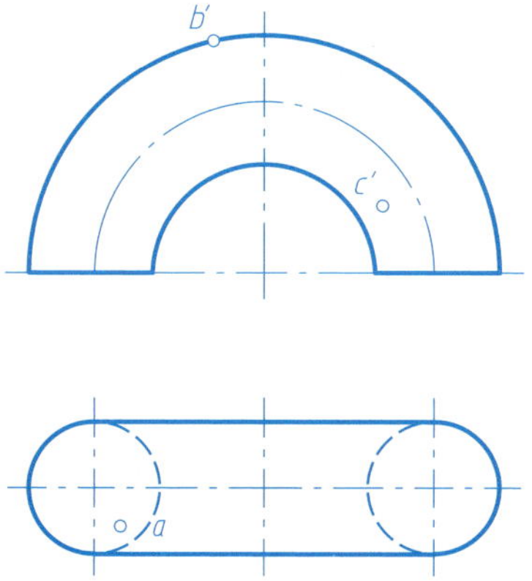

14. 以AB、CD为导线，以H面为导面，求作双曲抛物面的投影。

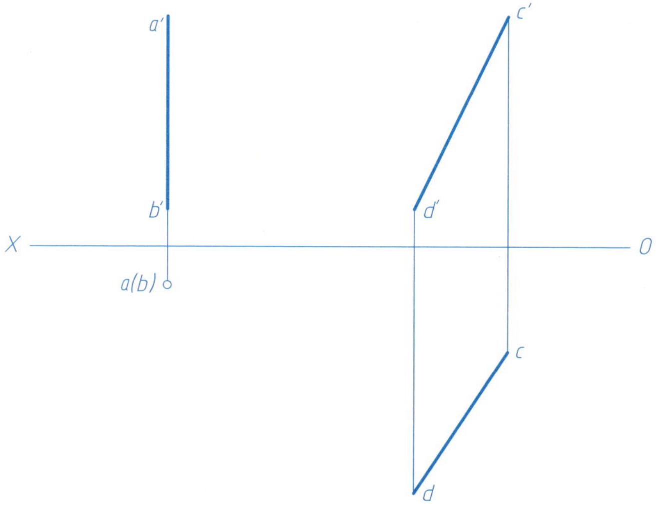

15. 已知双曲抛物面的V、H面投影，求作其W面投影。

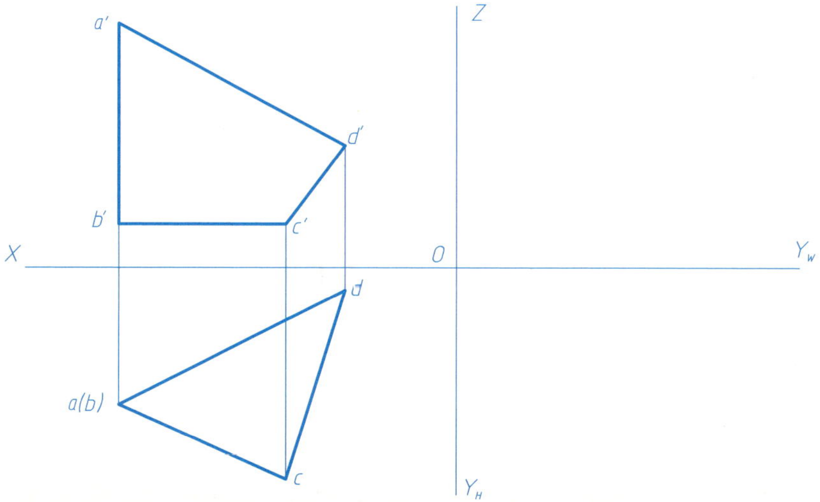

16. 求作双曲抛物面上图形KLMN的其余两面投影。

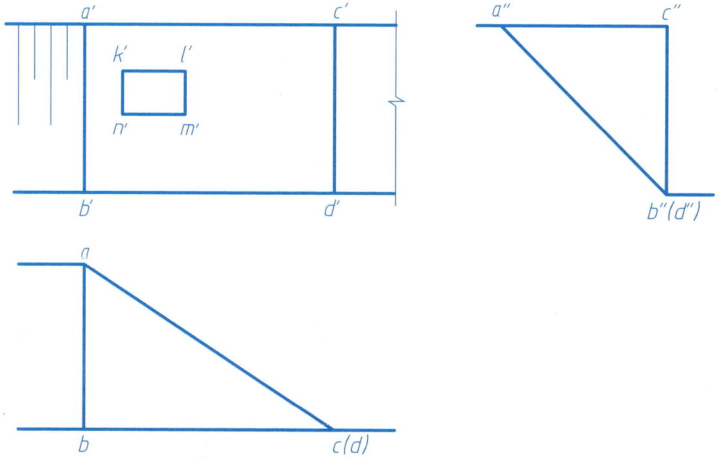

17. 求作圆柱螺旋线的投影（右旋，圆柱直径为50 mm，导程为50 mm）。

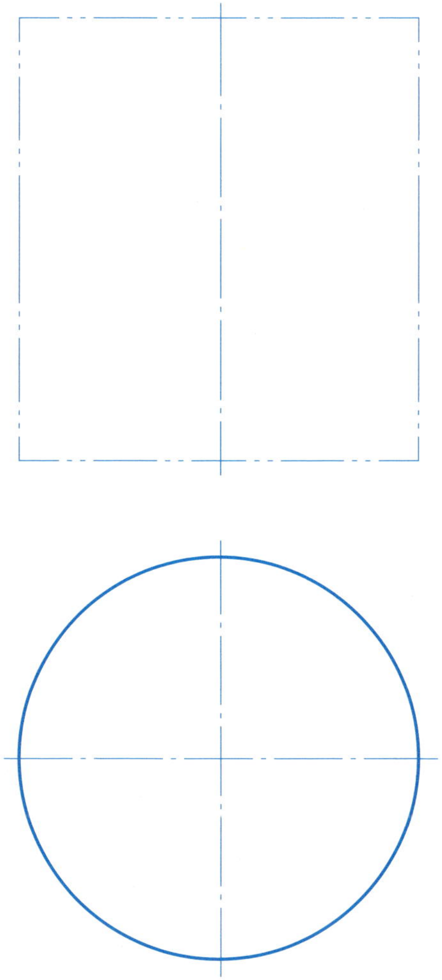

18. 求作圆柱螺旋面的投影（圆柱外径为50 mm，内径为20 mm，导程为50 mm，右旋）。

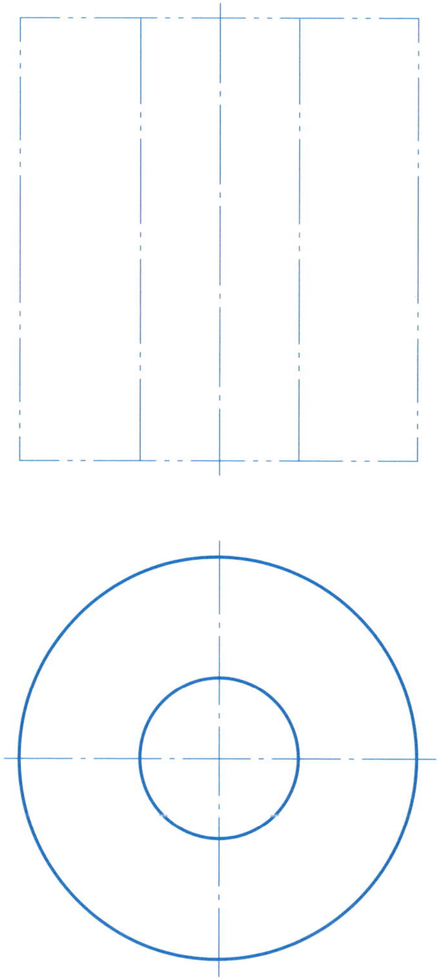

19. 已知带切口的圆柱，完成其三面投影。

(1)

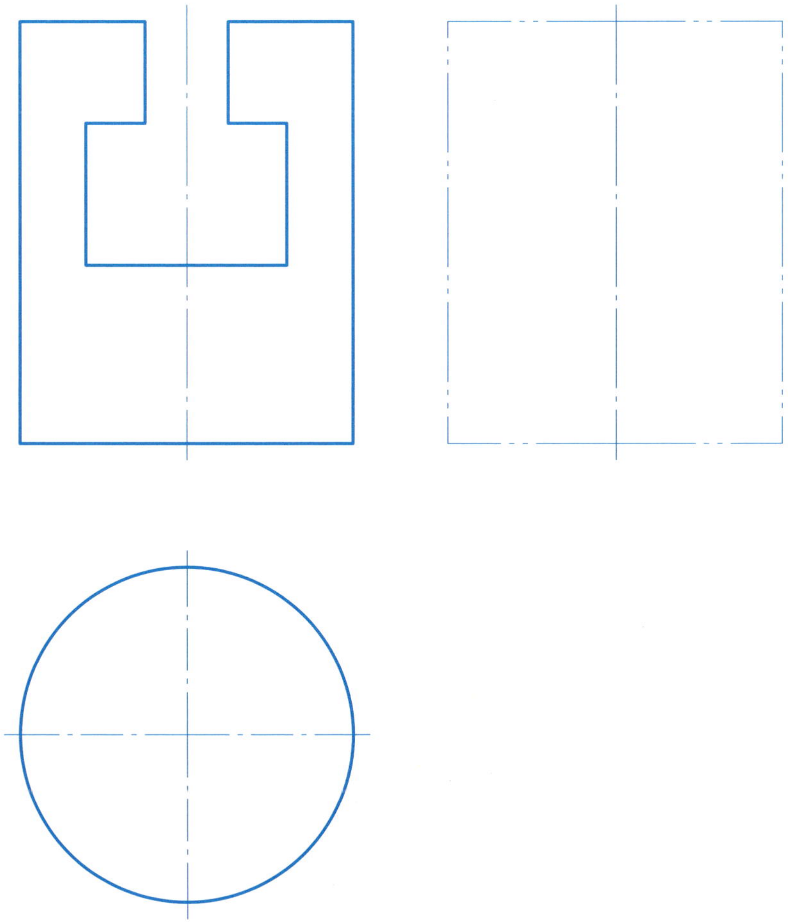

(2)

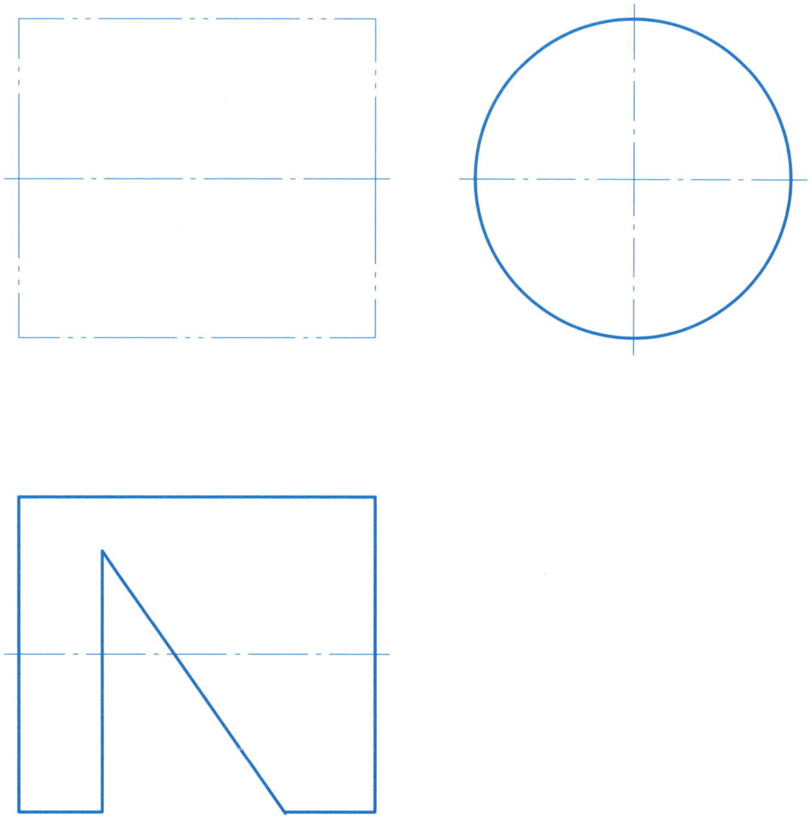

20. 求作圆锥被截切后的水平投影和侧面投影。

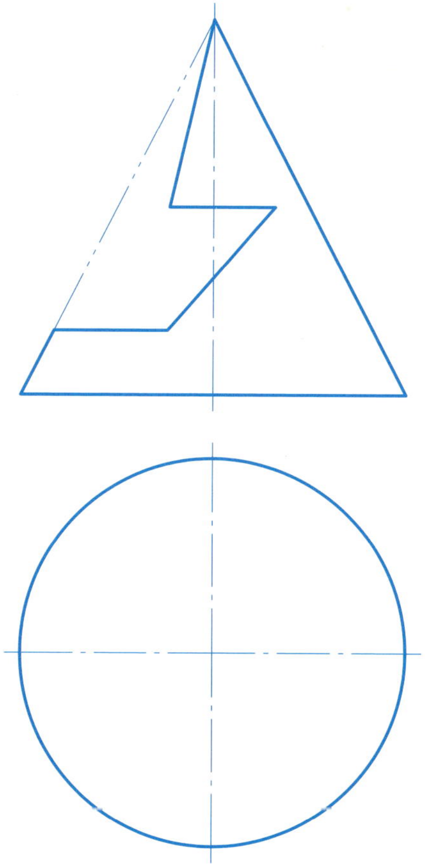

21. 求作圆锥穿孔后的水平投影和侧面投影。

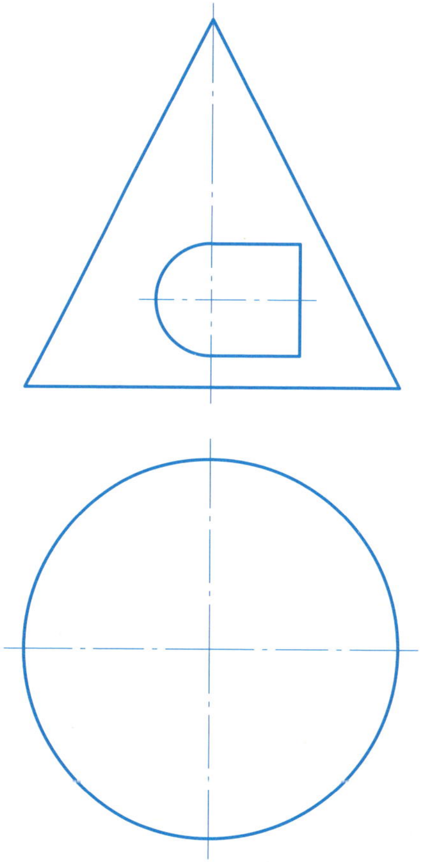

22. 求作球被截切后的水平投影和侧面投影。

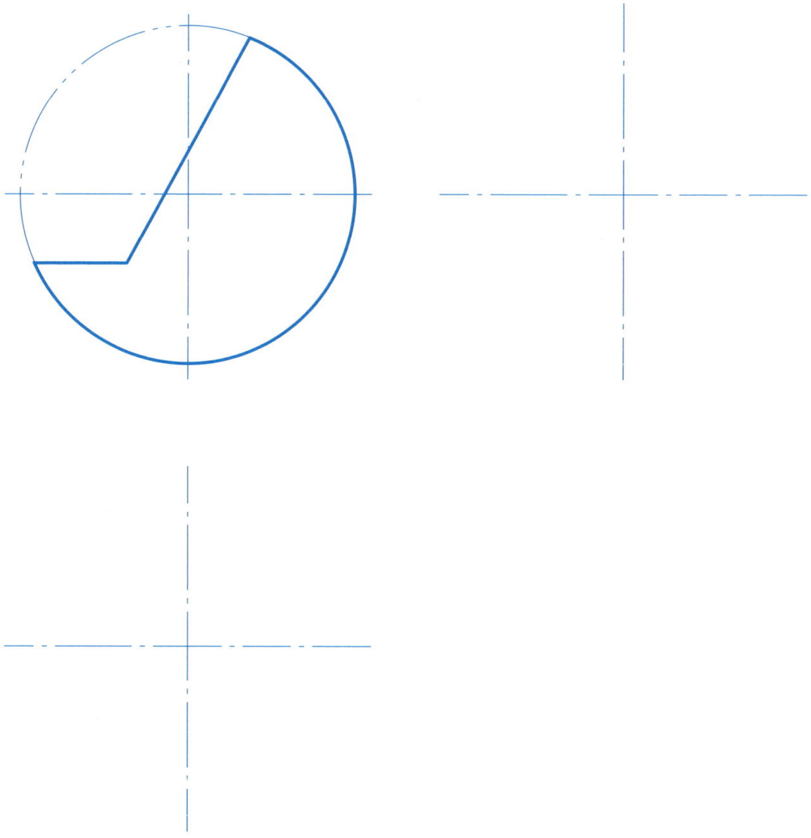

23. 求作球被截切后的水平投影和侧面投影。

班级:________ 姓名:________ 学号:________

3.8 直线与立体相交

1. 求作直线*AB*与立体贯穿点的投影，并判别可见性。

(1)

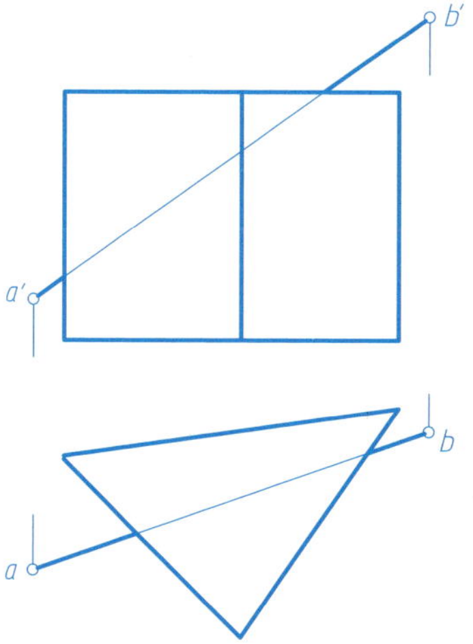

(2)

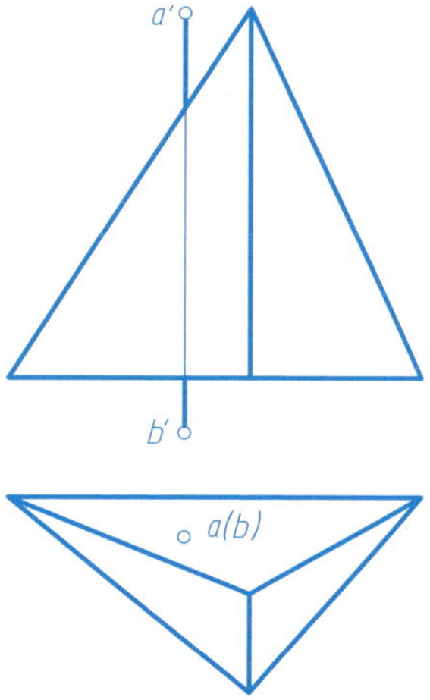

(3)

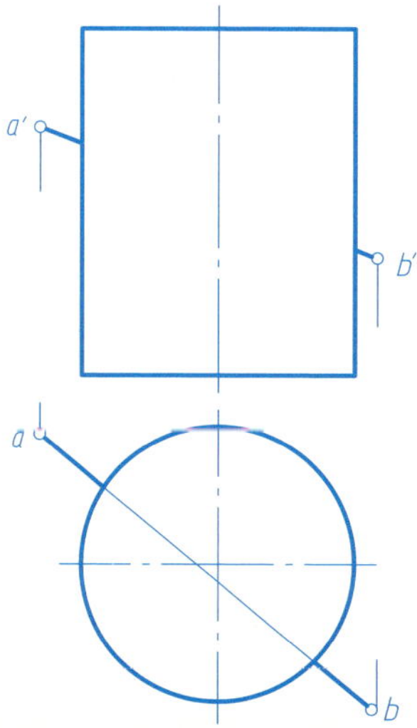

(4)

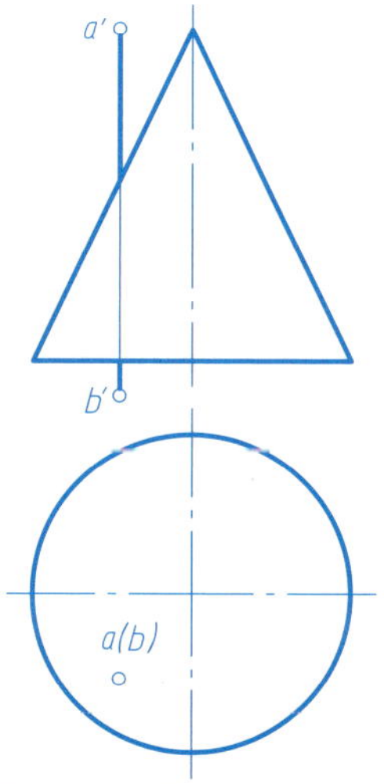

2. 求作直线*AB*与斜三棱锥贯穿点的投影，并判别可见性。

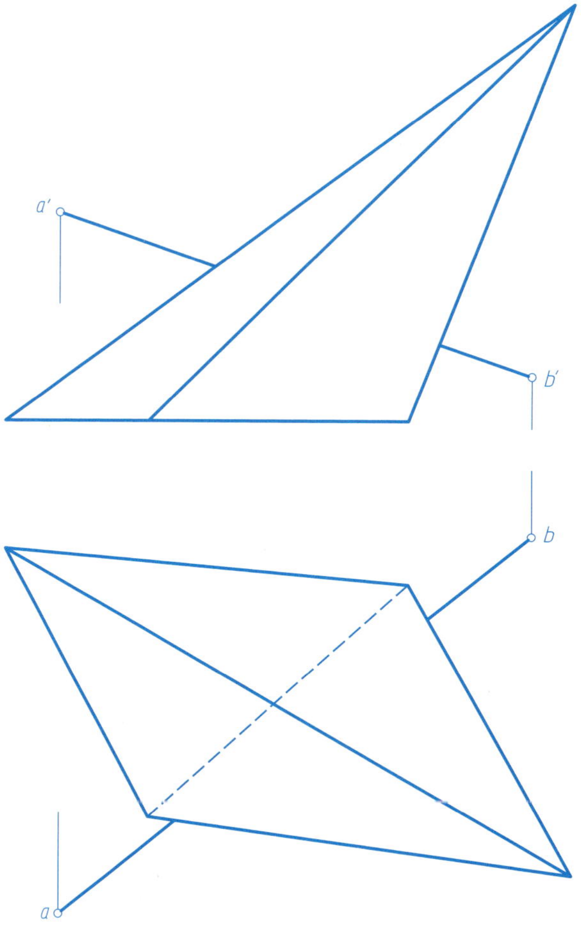

班级：________ 姓名：________ 学号：________

3. 求作直线*AB*与球贯穿点的投影，并判别可见性。

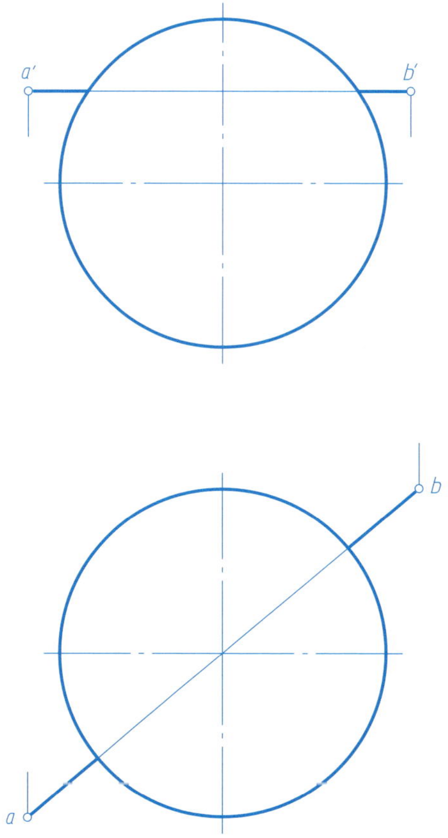

4. 求作直线*AB*与圆环贯穿点的投影，并判别可见性。

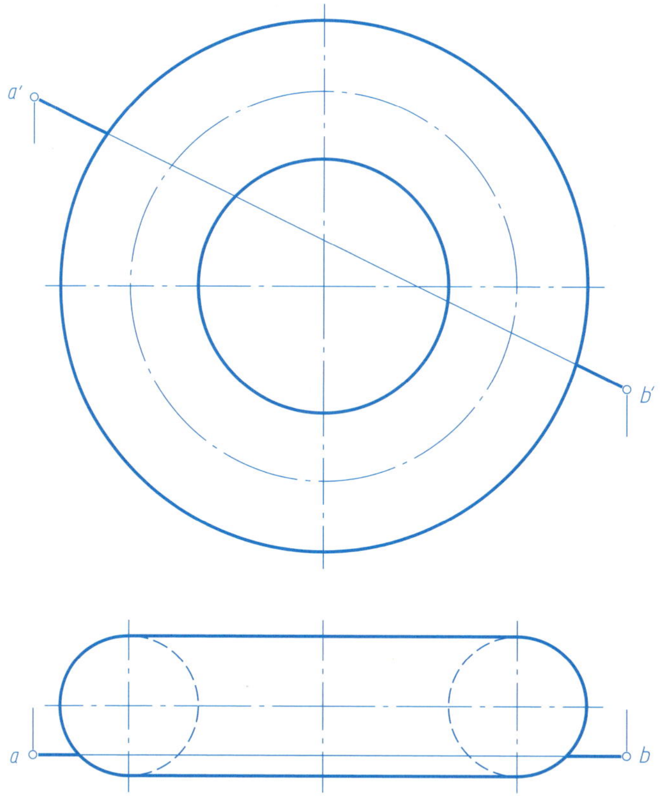

班级:________ 姓名:________ 学号:________

3.9 立体与立体相交

1. 求作三棱柱与四棱柱的相贯线。

2. 求作四棱柱与三棱锥的相贯线。

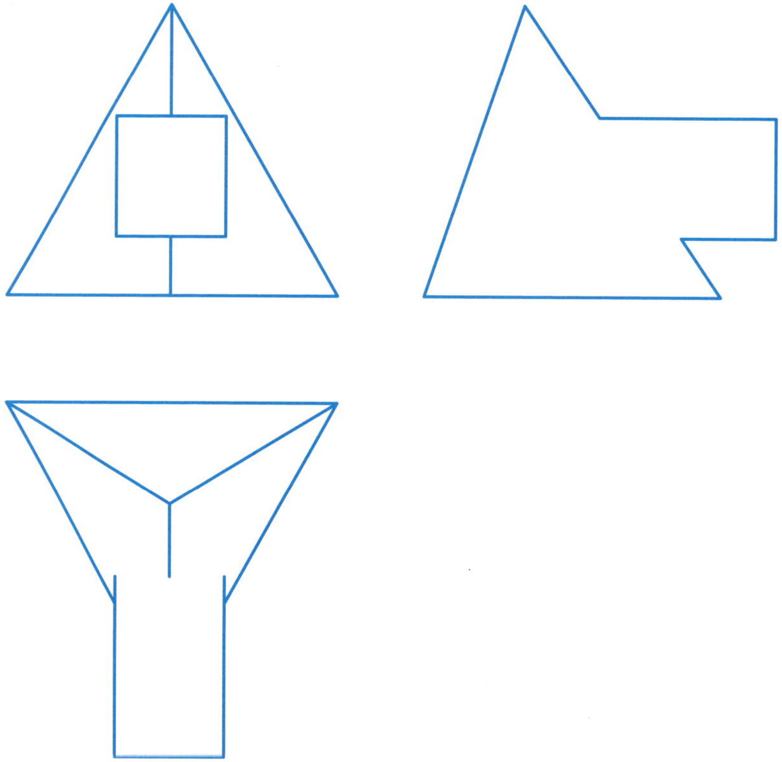

3. 求作烟囱、气窗与坡屋面的相贯线。

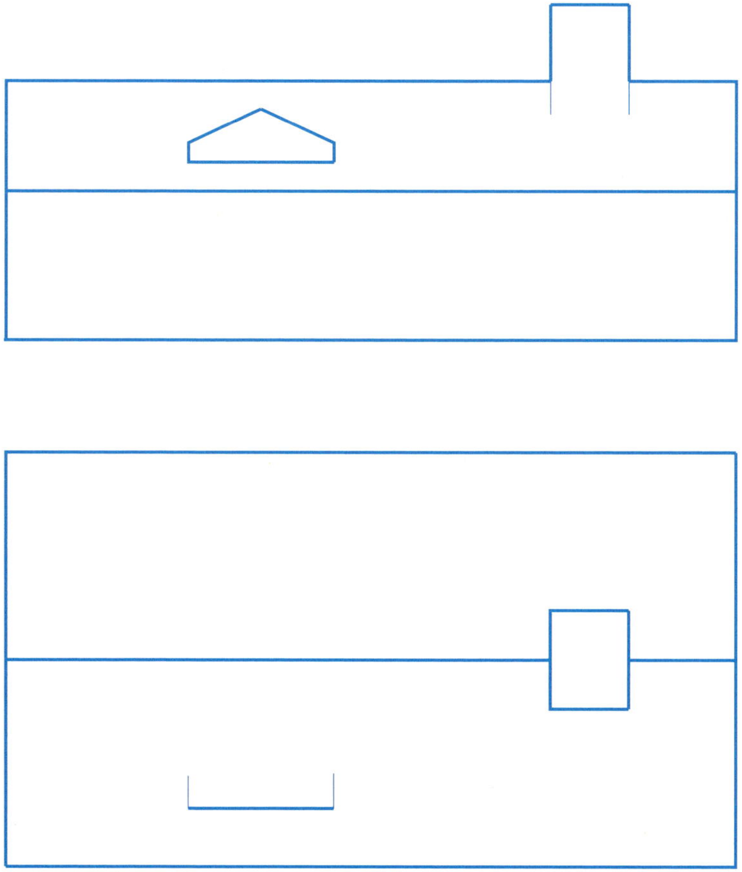

4. 求作两屋面相贯线的水平投影。

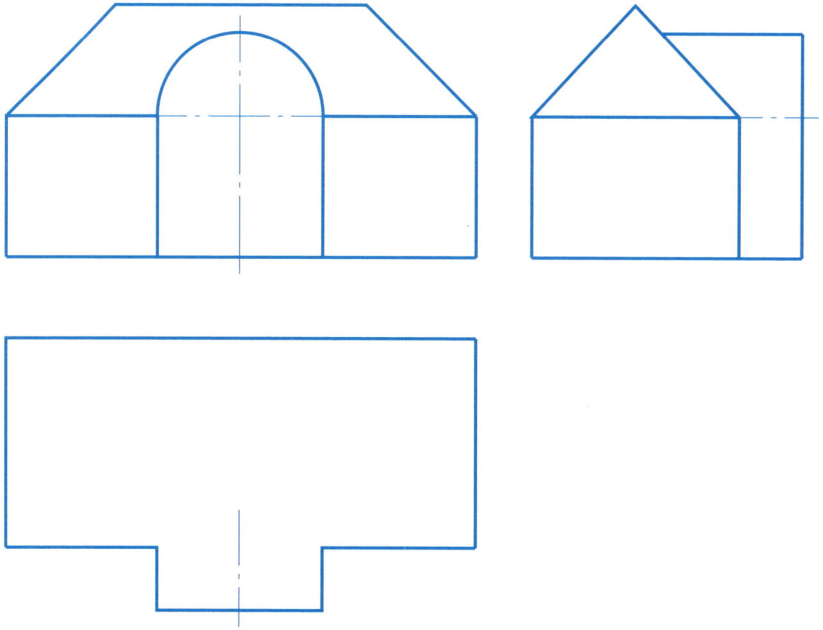

班级:________ 姓名:________ 学号:________

5. 求作T形梁与圆柱的相贯线。

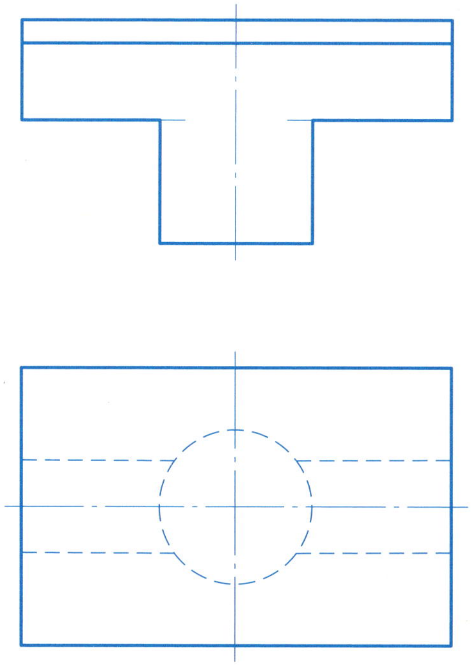

6. 求作三棱柱与圆柱的相贯线，并作出侧面投影。

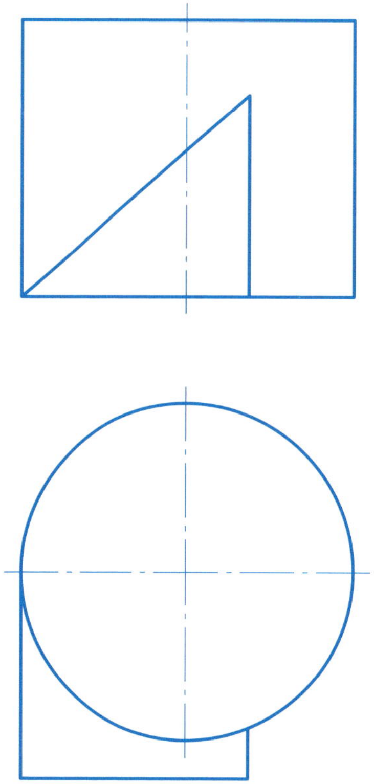

7. 求作两形体的相贯线，并作出水平投影。

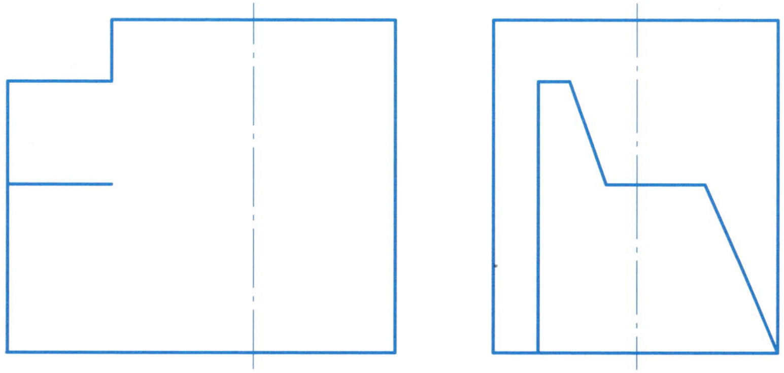

8. 求作三棱柱与圆锥的相贯线。

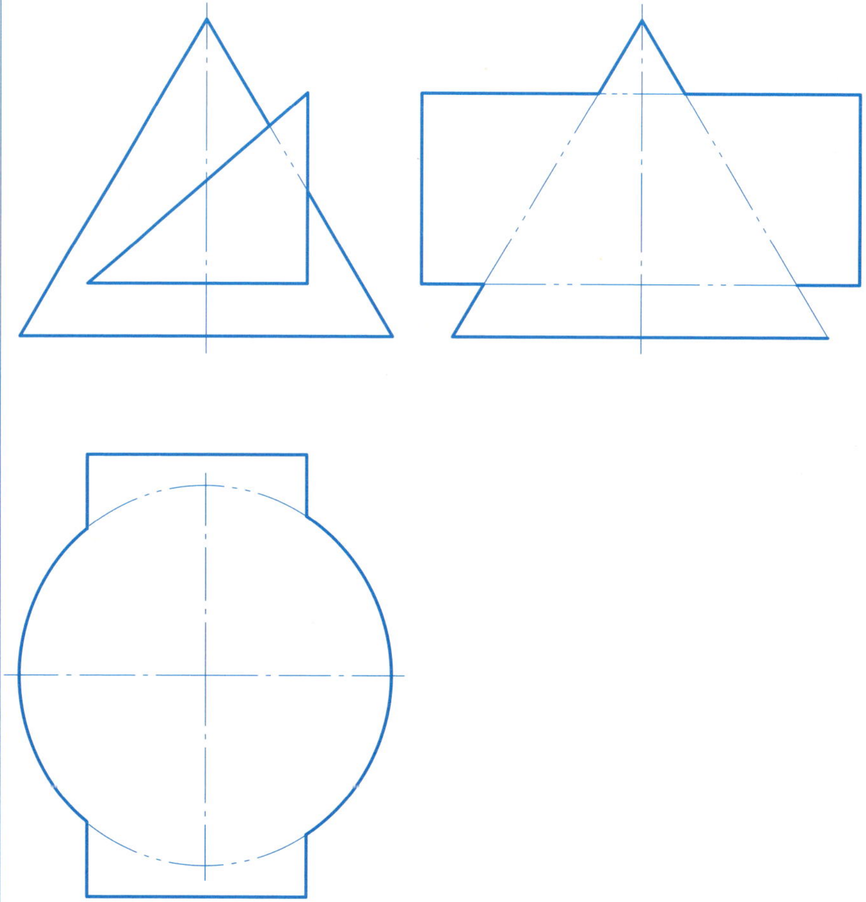

9. 求作平面立体与曲面立体的相贯线，并作出侧面投影。

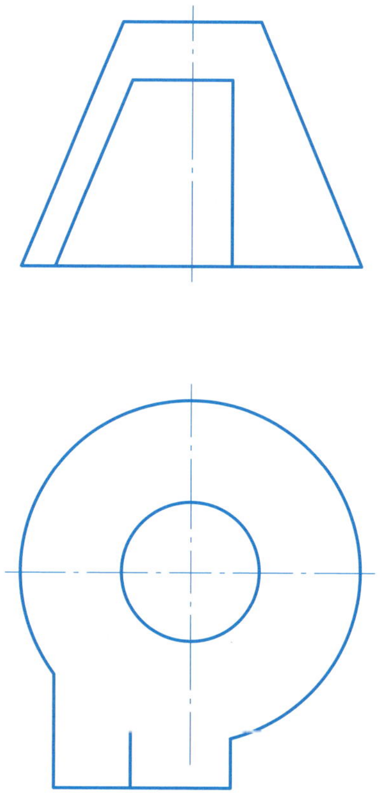

10. 求作三棱柱与半球的相贯线。

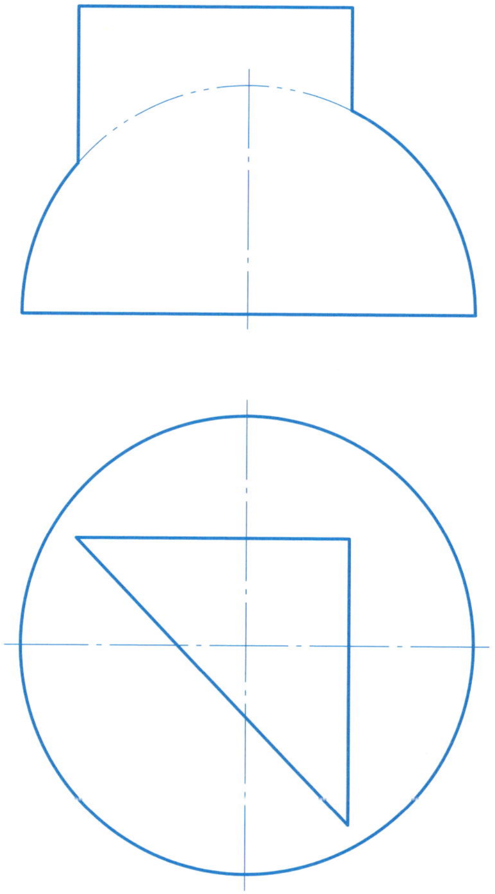

11. 求作两圆柱的相贯线，并作出侧面投影。

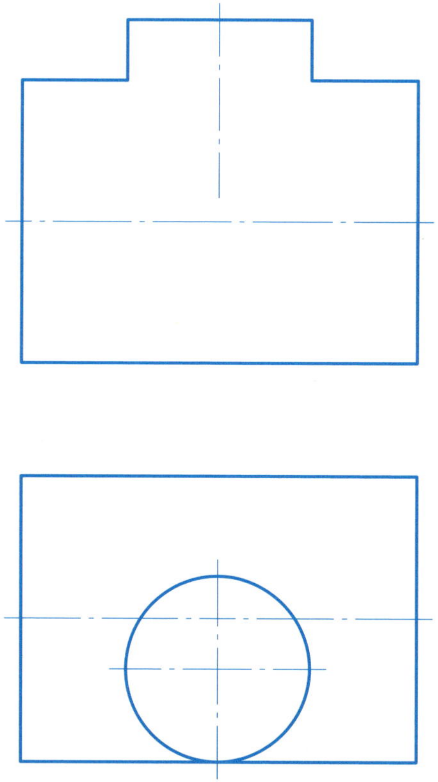

12. 求作两圆拱屋面的相贯线。

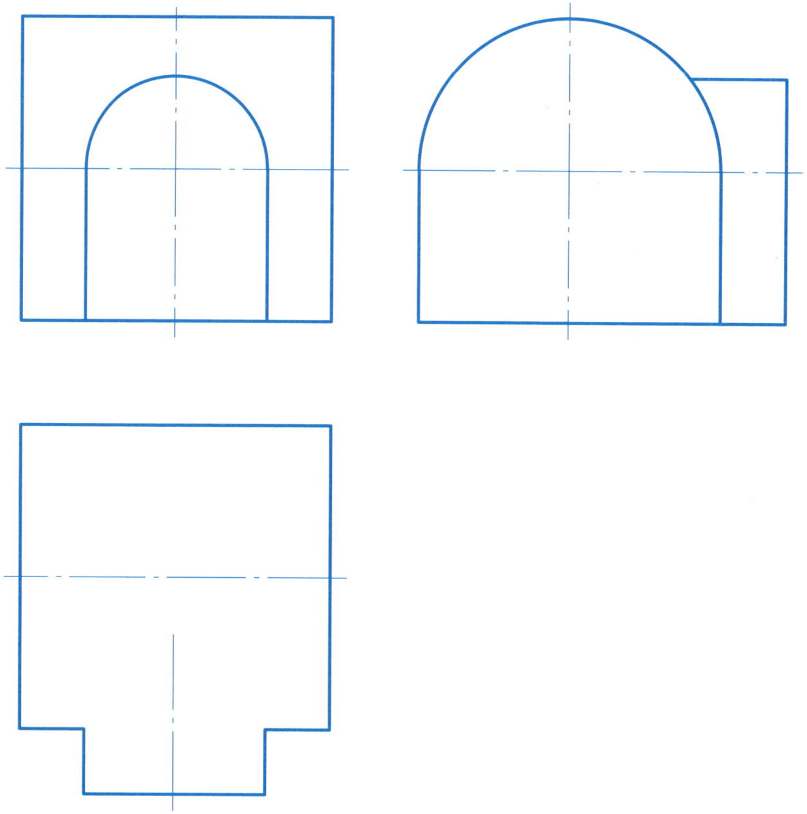

13. 求作圆柱与圆锥的相贯线。

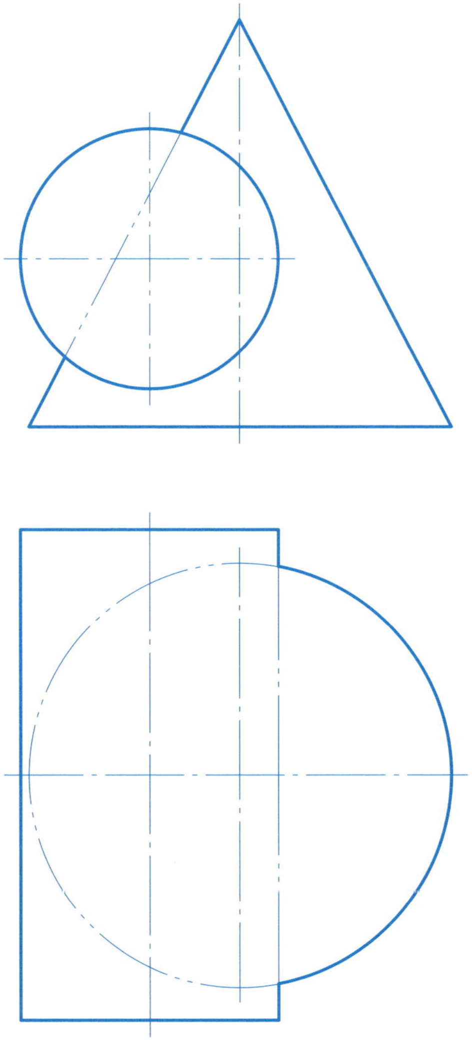

14. 求作圆柱与球的相贯线。

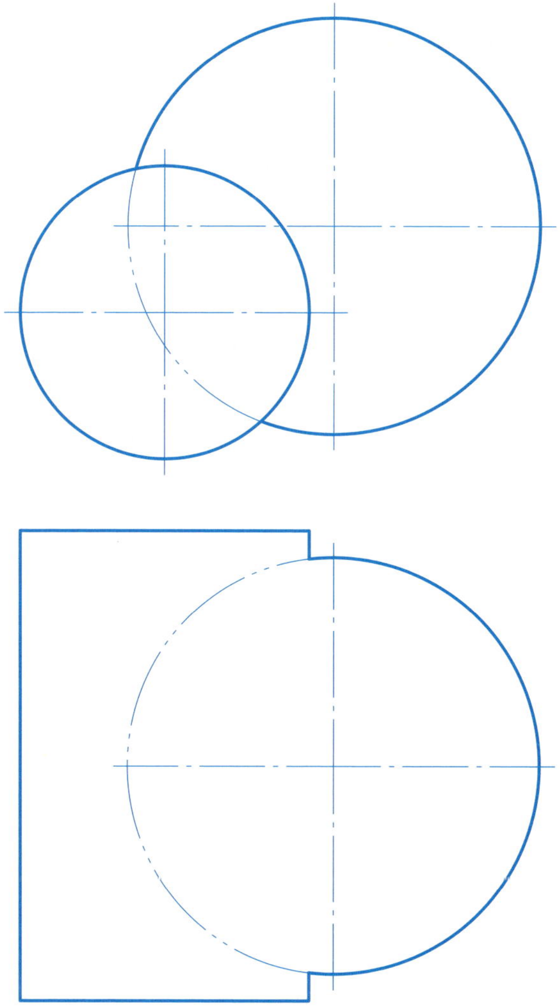

15. 分析两圆柱的相交情况，求作其相贯线。

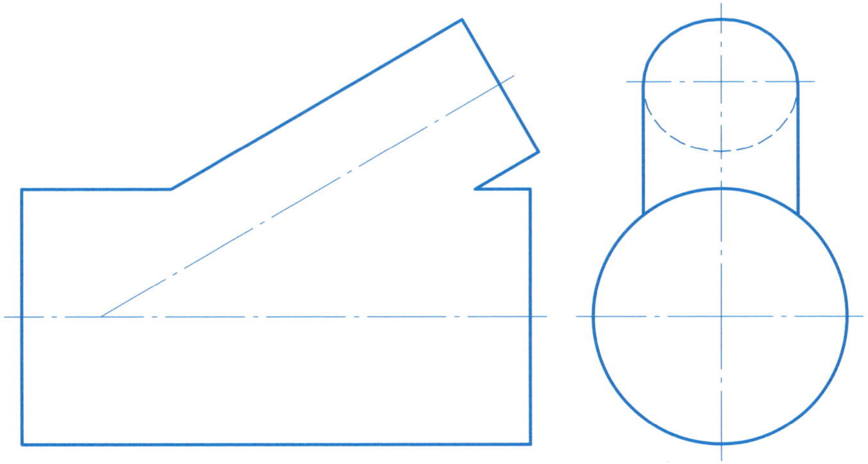

16. 求作节点的相贯线。

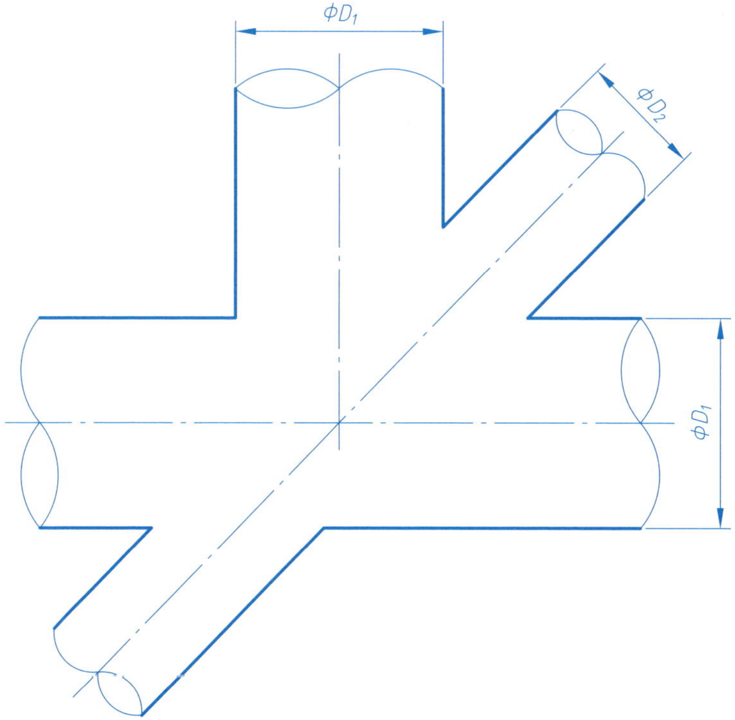

17. 两等径圆柱相交，求作其相贯线。

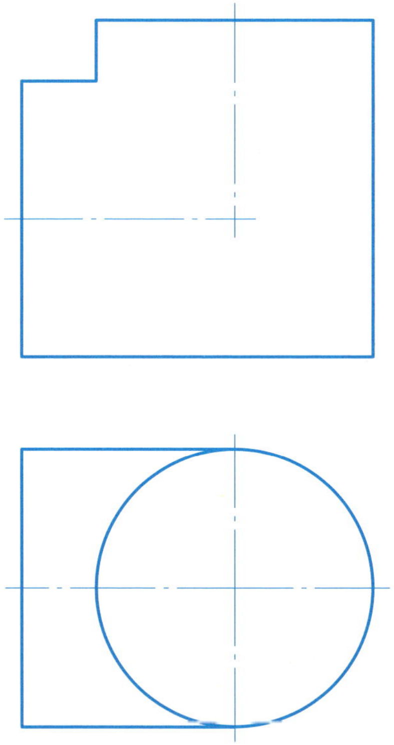

18. 分析圆柱与圆台的相交情况，求作其相贯线。

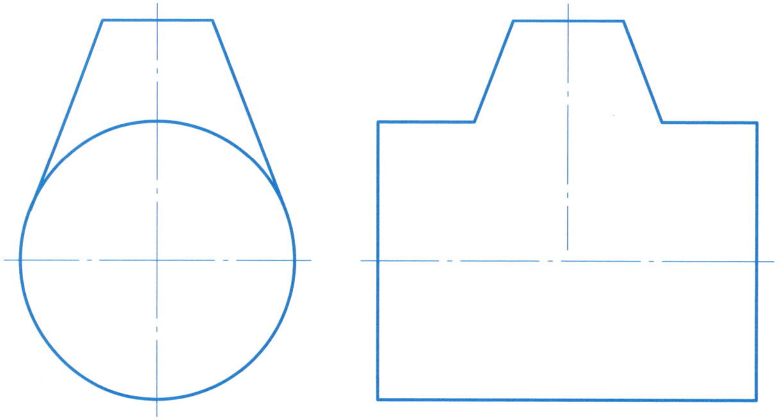

4.1　正等轴测投影

1. 求作三棱锥的正等测。

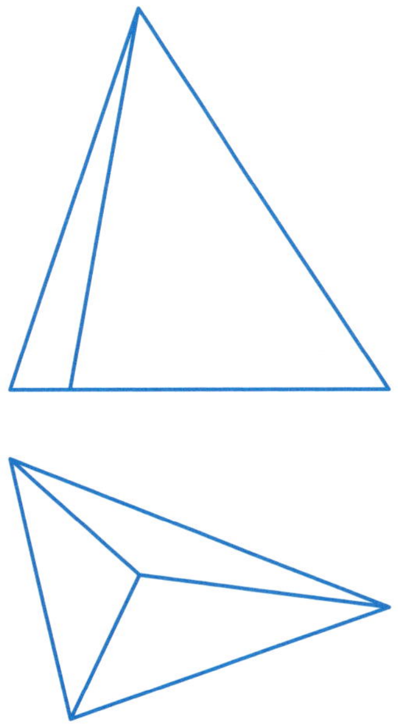

2. 求作形体的正等测。

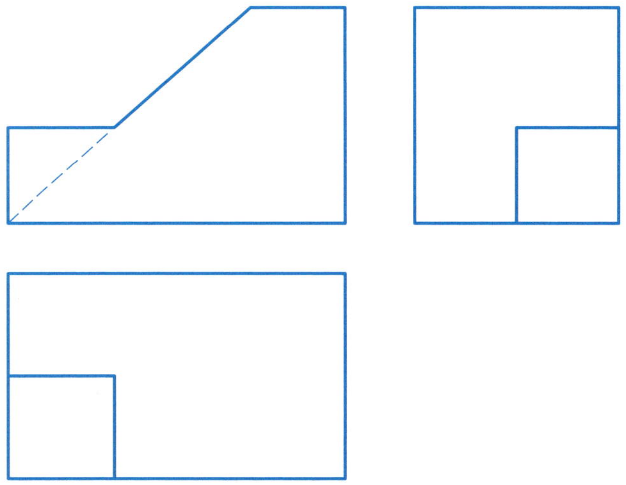

3. 求作台阶的正等测。

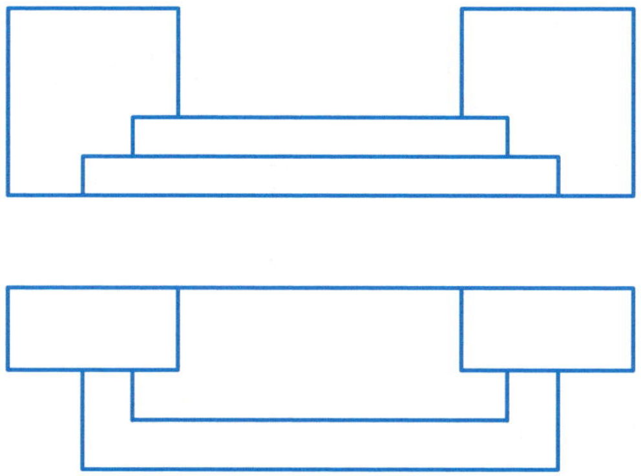

4. 求作形体的正等测。

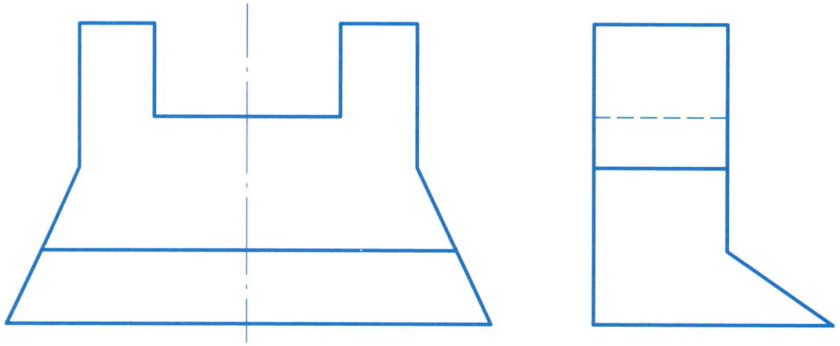

5. 求作房屋的正等测。

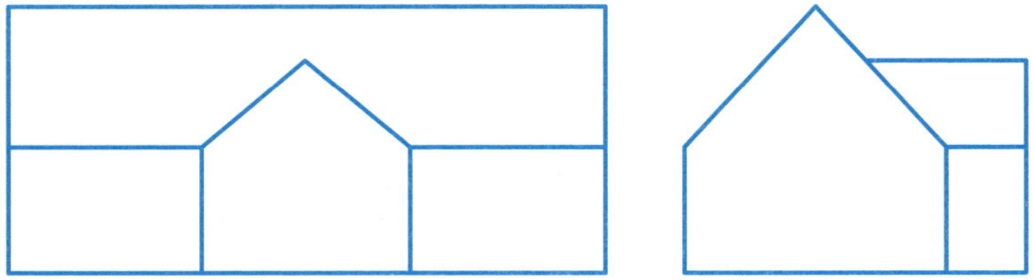

6. 求作梁、板的正等测。

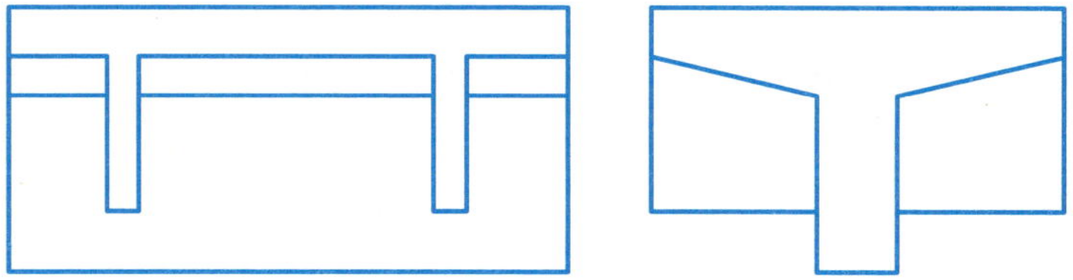

7. 求作形体的正等测。

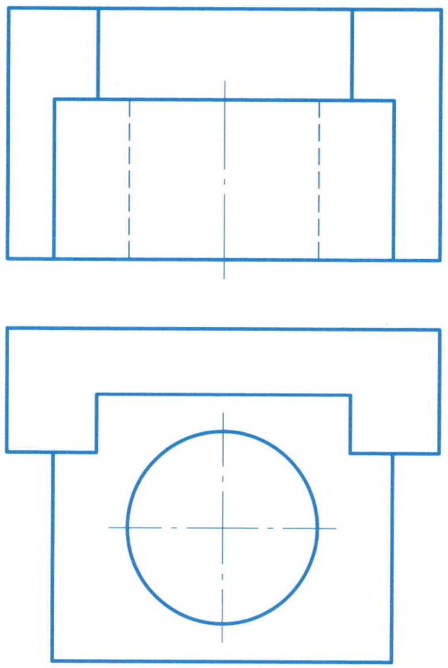

8. 求作形体的正等测。

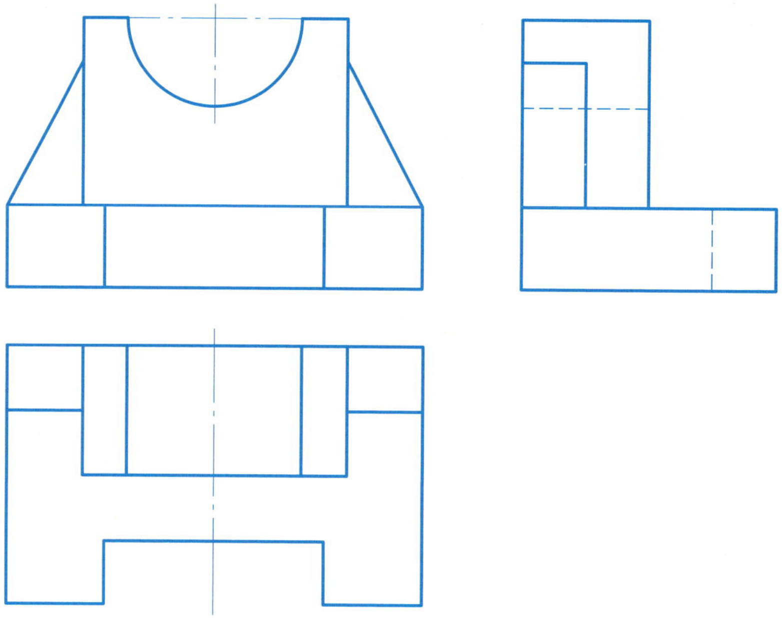

班级:________ 姓名:________ 学号:________

4.2 正二轴测投影

1. 求作形体的正二测。

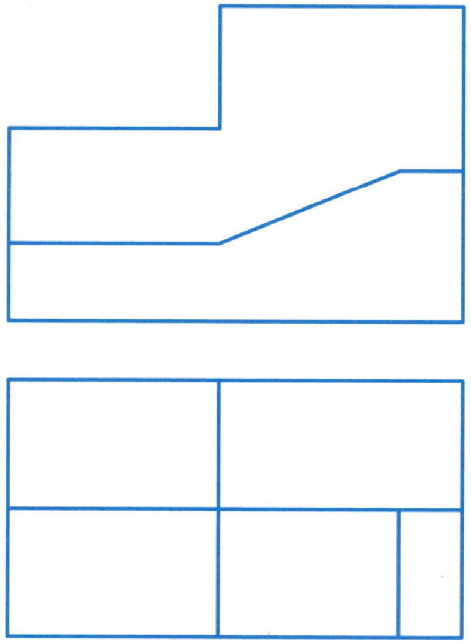

2. 求作形体的正二测。

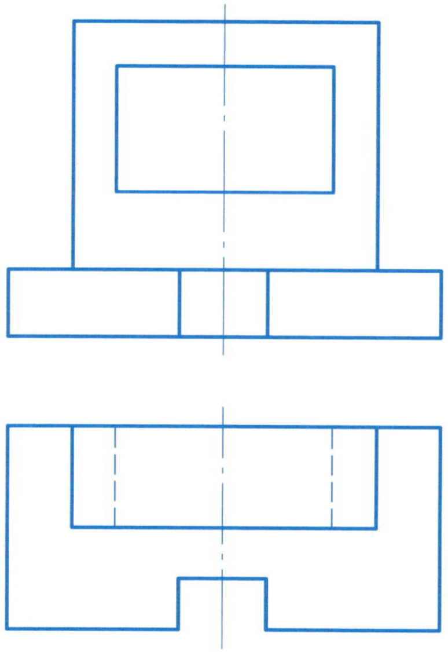

3. 求作矩形渡槽的正二测。

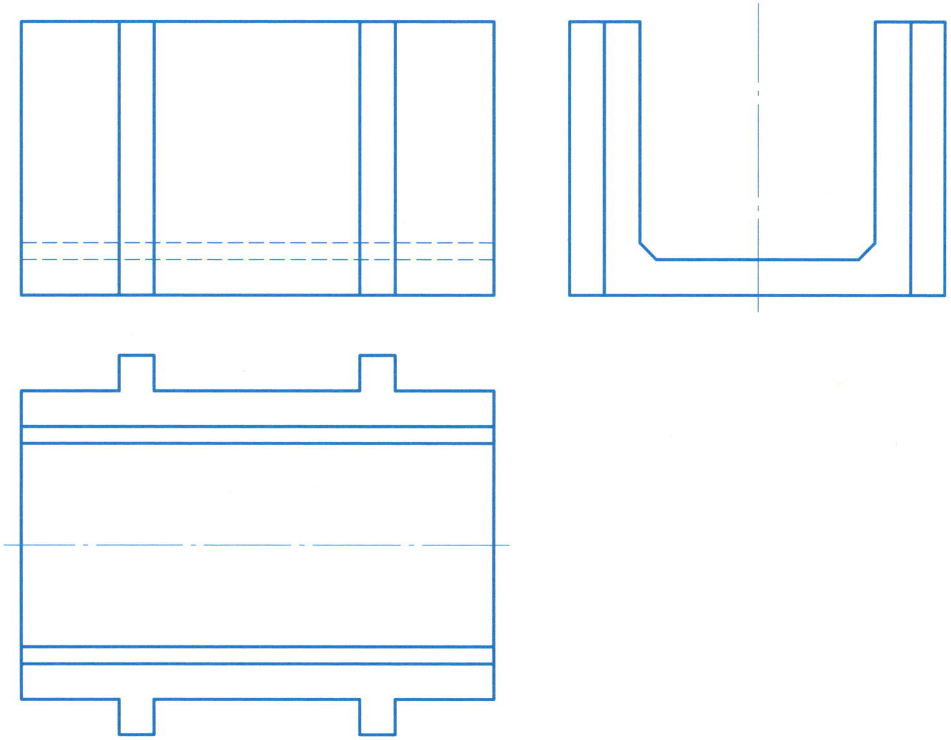

班级:________ 姓名:________ 学号:________

4.3 斜二轴测投影

1. 求作挡土墙的斜二测。

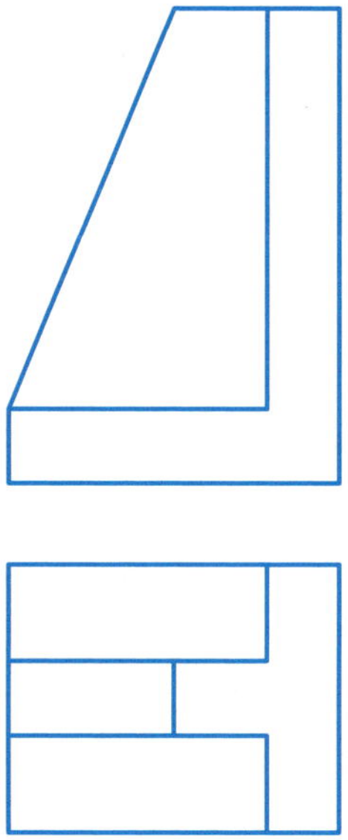

2. 求作带切口四棱柱的斜二测。

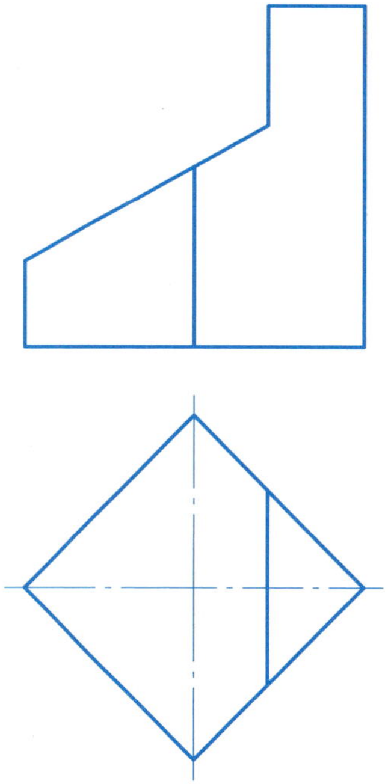

3. 求作台阶的斜二测。

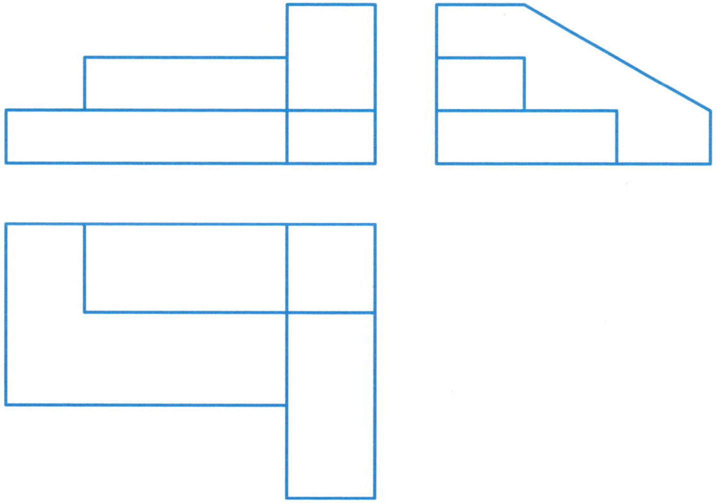

4. 求作形体的斜二测。

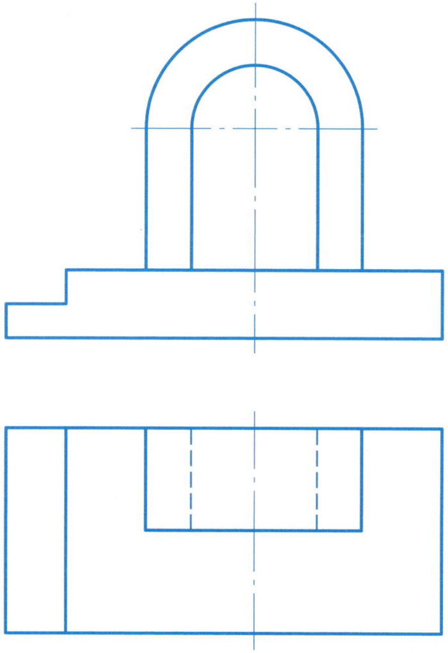

5. 求作形体的斜二测。

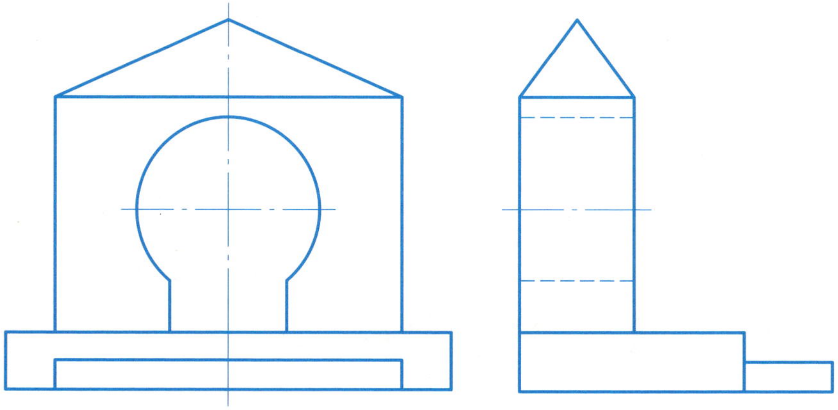

6. 求作形体的斜二测。

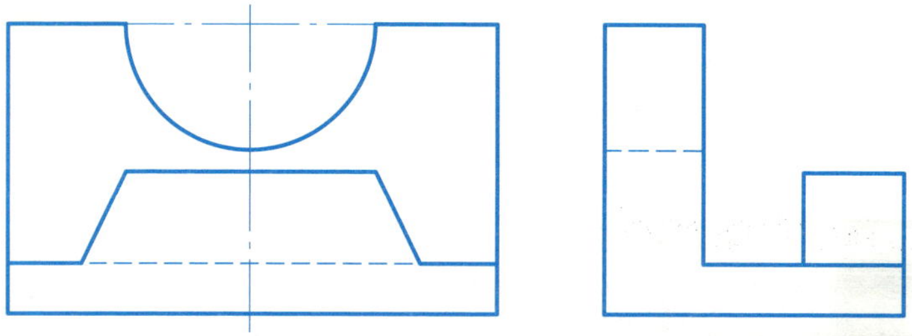

5.1 点的透视

1. 求作空间点A的透视[在表达方式（3）上作图]。

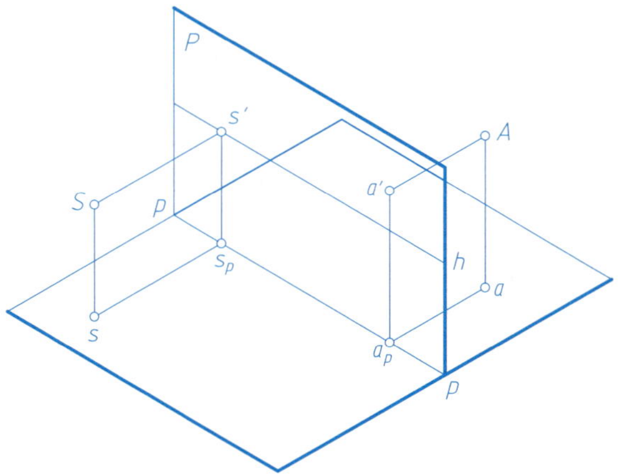

（1）

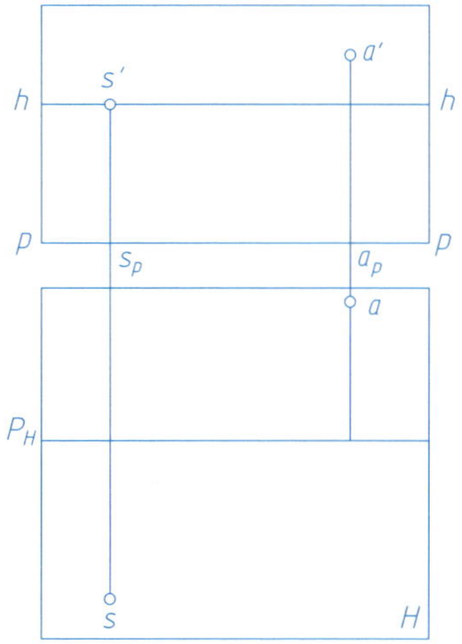

（2）

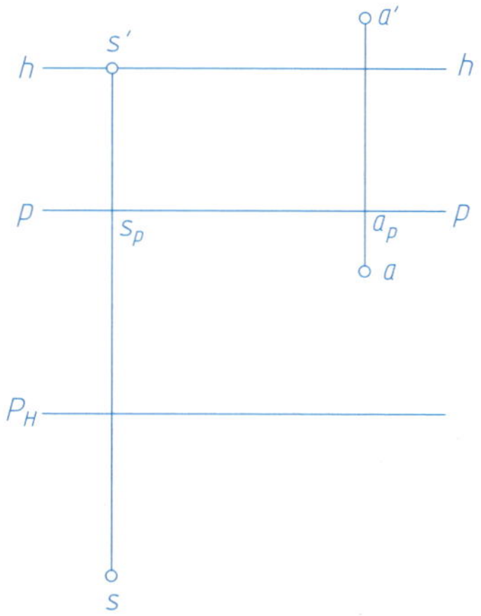

（3）

2. 求作基面上点B的透视。

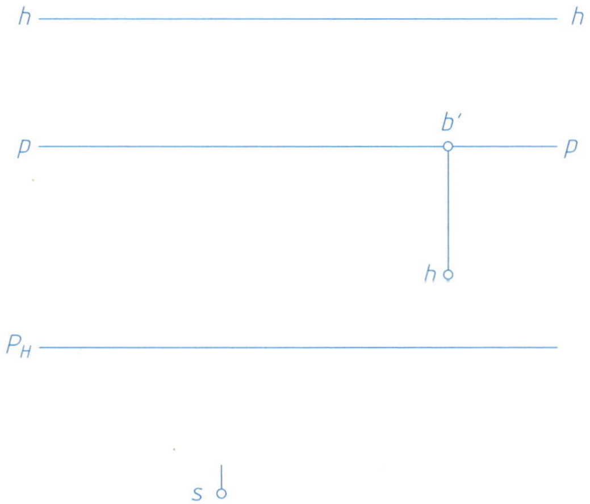

3. 求作视平面上点C的透视。

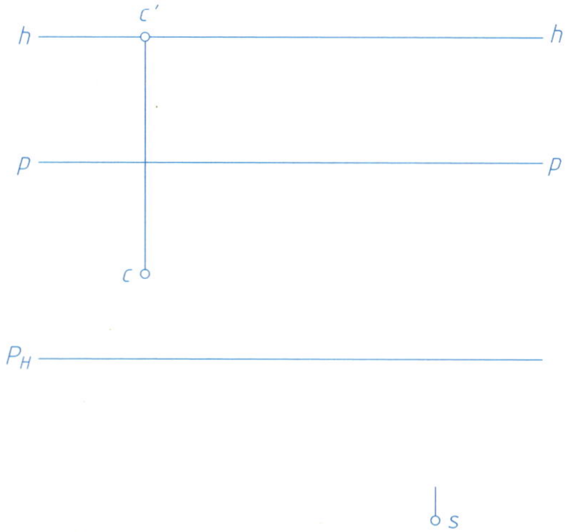

班级:________ 姓名:________ 学号:________

5.2 直线的透视

1. 求作基面上线段AB的透视和基透视。

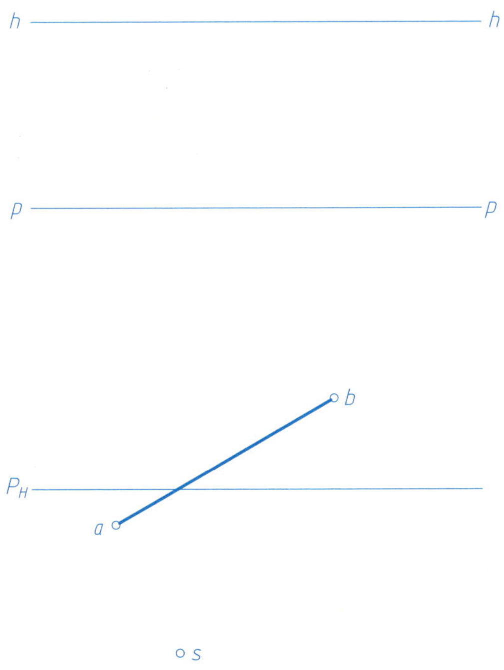

2. 基面平行线AB高于H面35 mm，求作AB的透视和基透视。

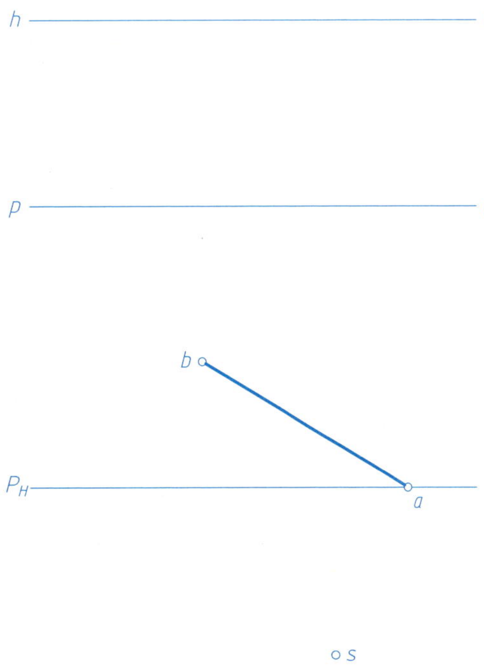

3. 与画面垂直的直线CD高于H面35 mm，求作CD的透视和基透视。

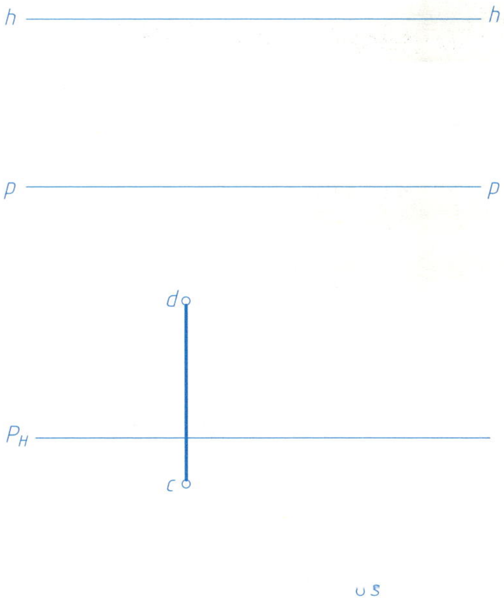

5.3 平面的透视

1. 求作基面上三角形平面*ABC*的透视（利用*s'*或*f*作图进行比较）。

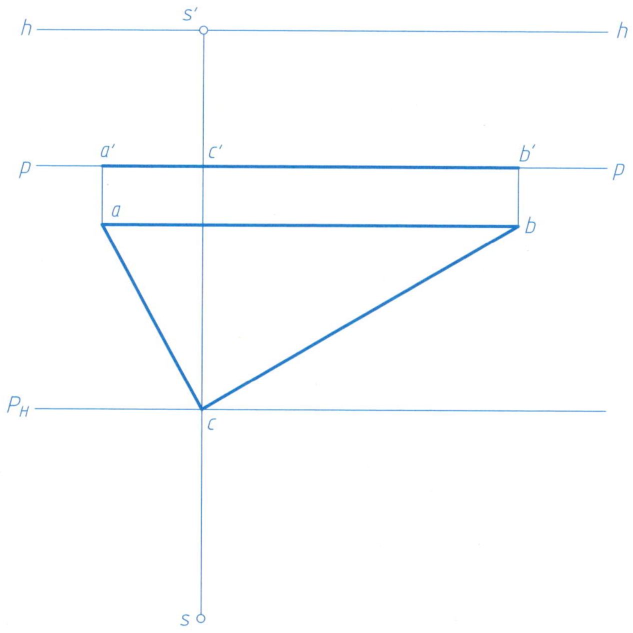

2. 求作平行于画面的正方形*ABCD*的透视。

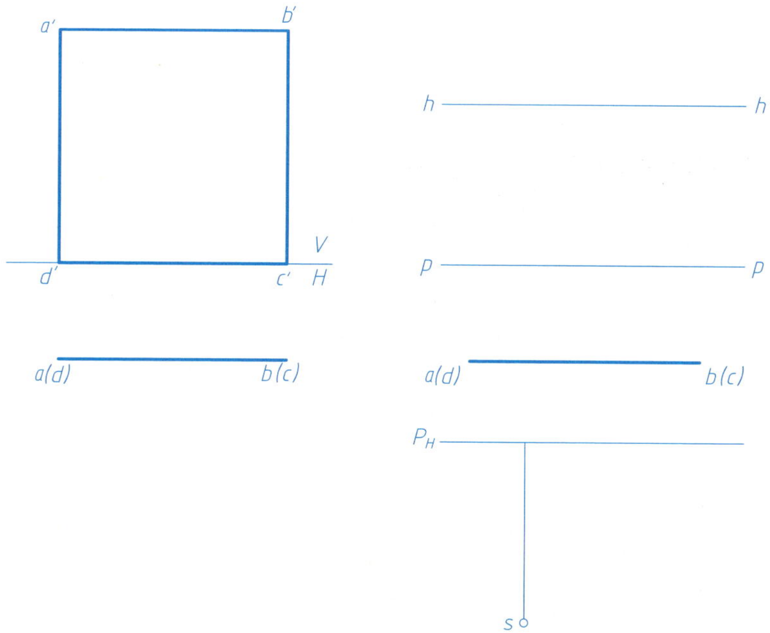

班级:________ 姓名:________ 学号:________

5.4 建筑物的透视

1. 已知四棱柱及视点S的H、V面投影，求作四棱柱的透视。

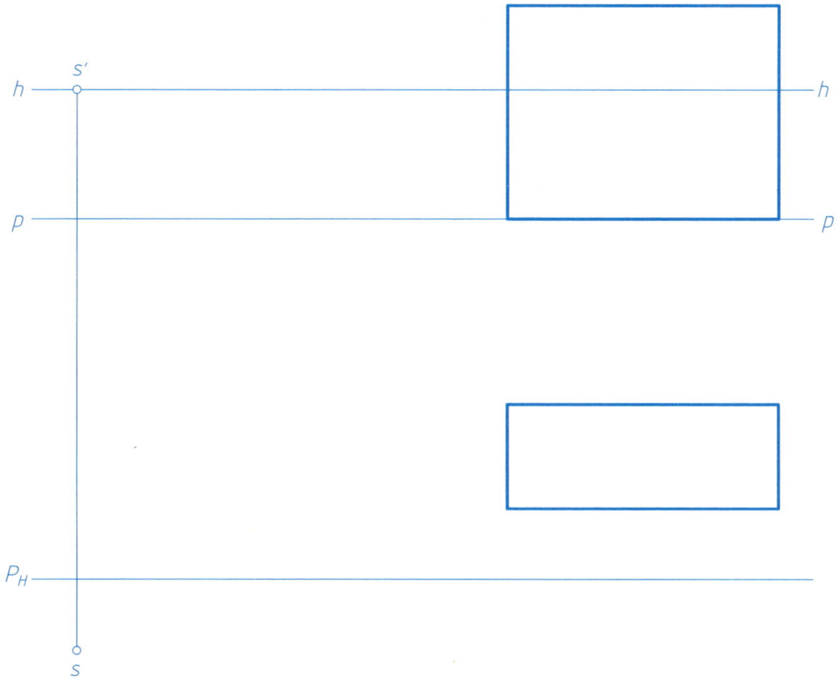

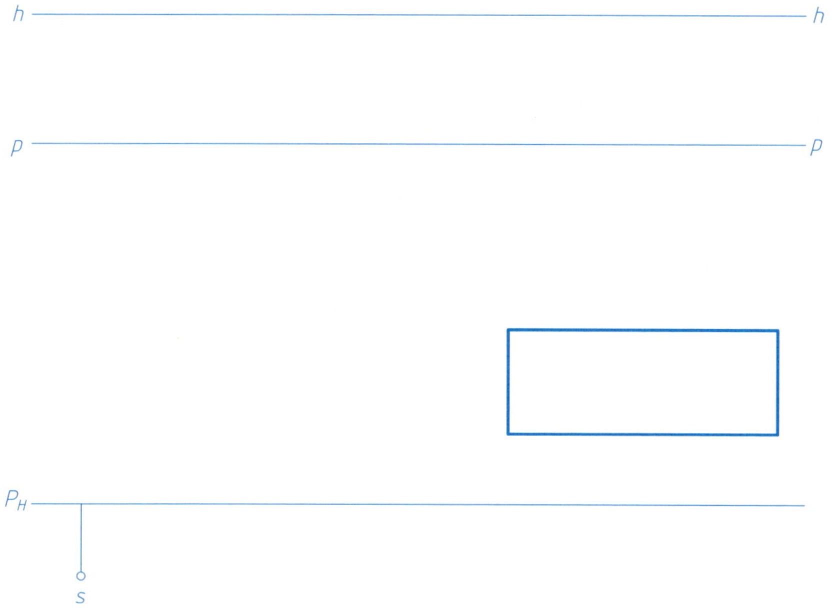

班级:________ 姓名:________ 学号:________

2. 求作纪念碑的透视。

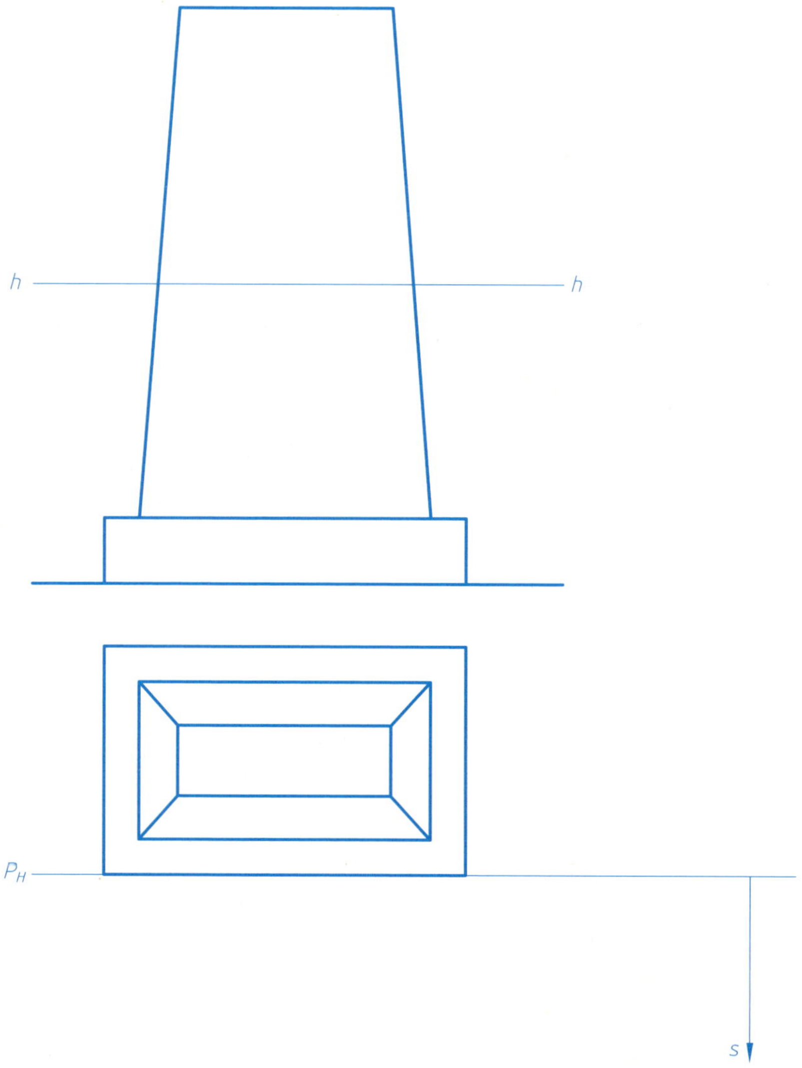

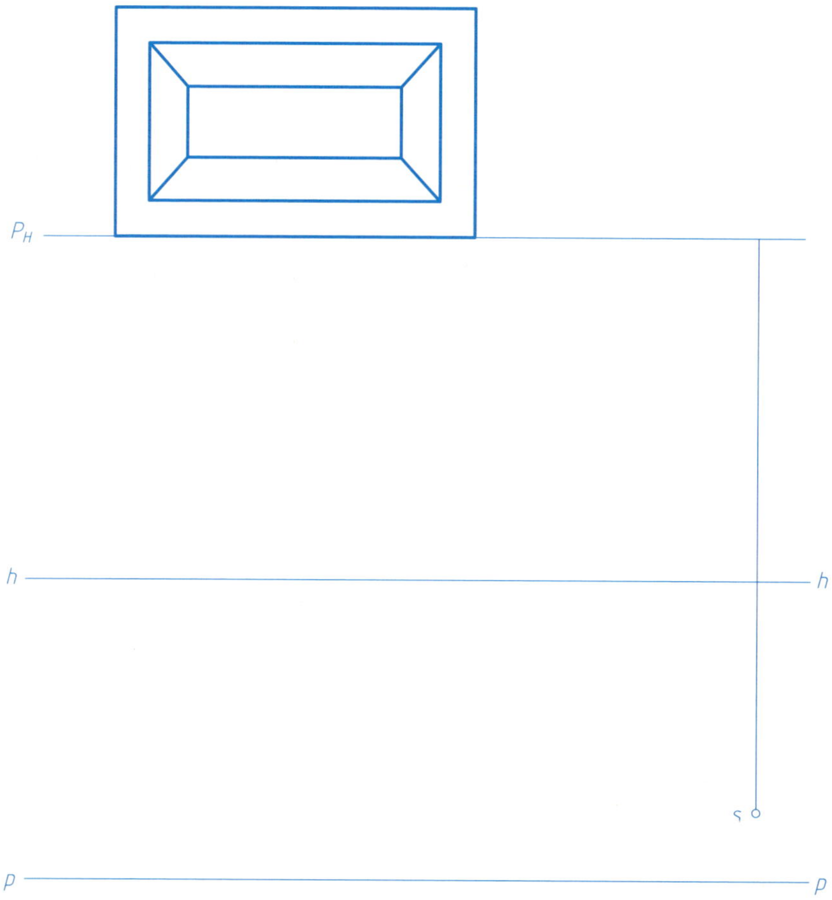

班级:________ 姓名:________ 学号:________

3. 求作形体的透视。

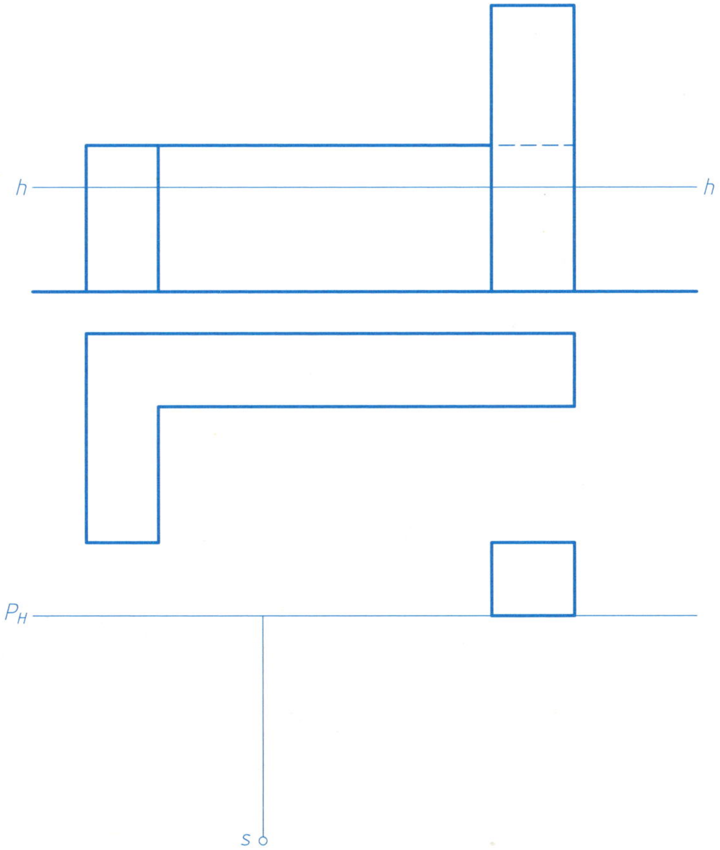

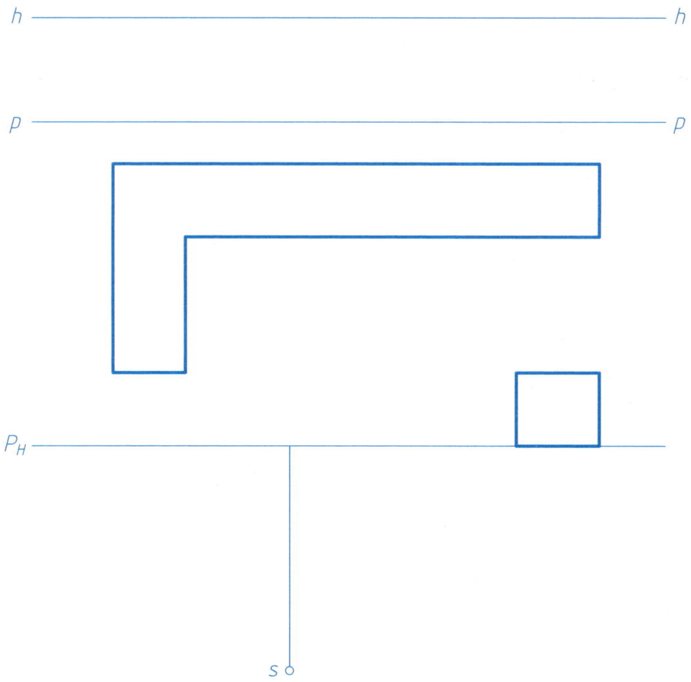

4. 求作院门的平行透视。

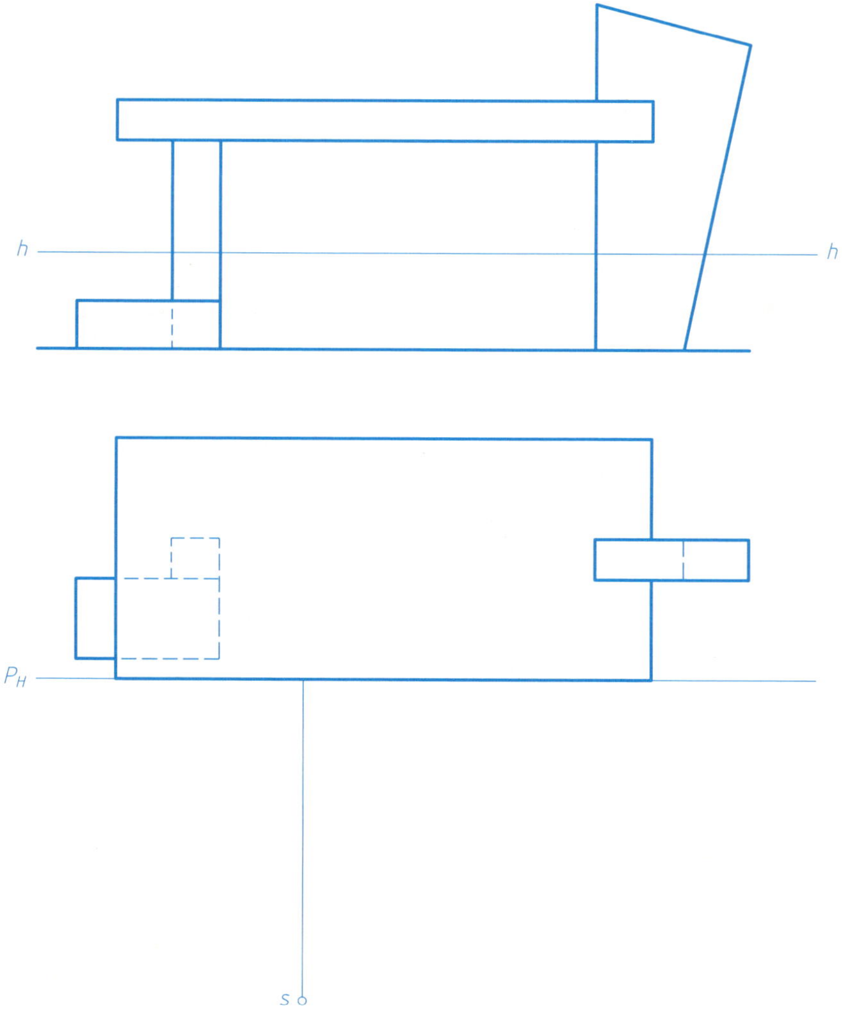

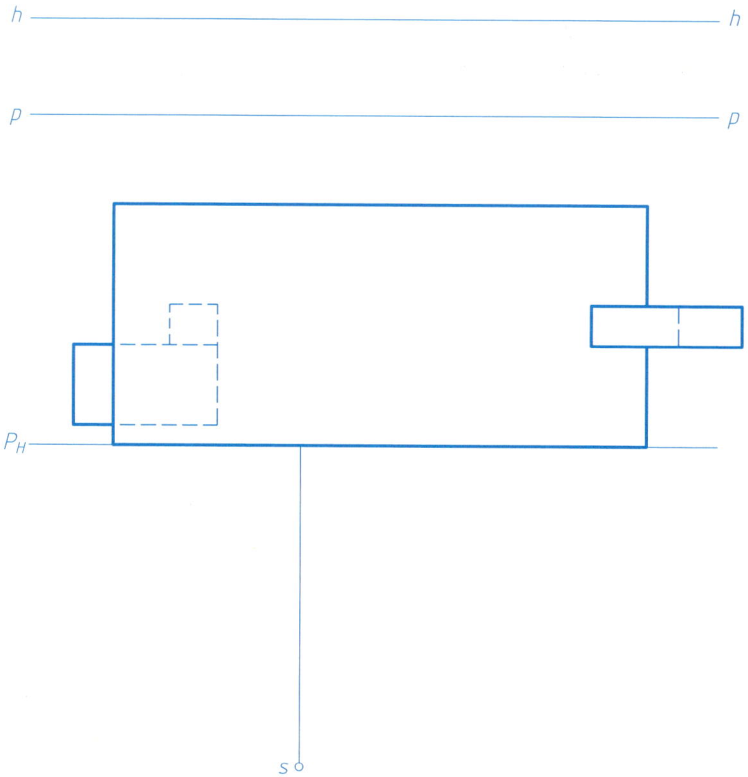

5. 求作组合体的透视。

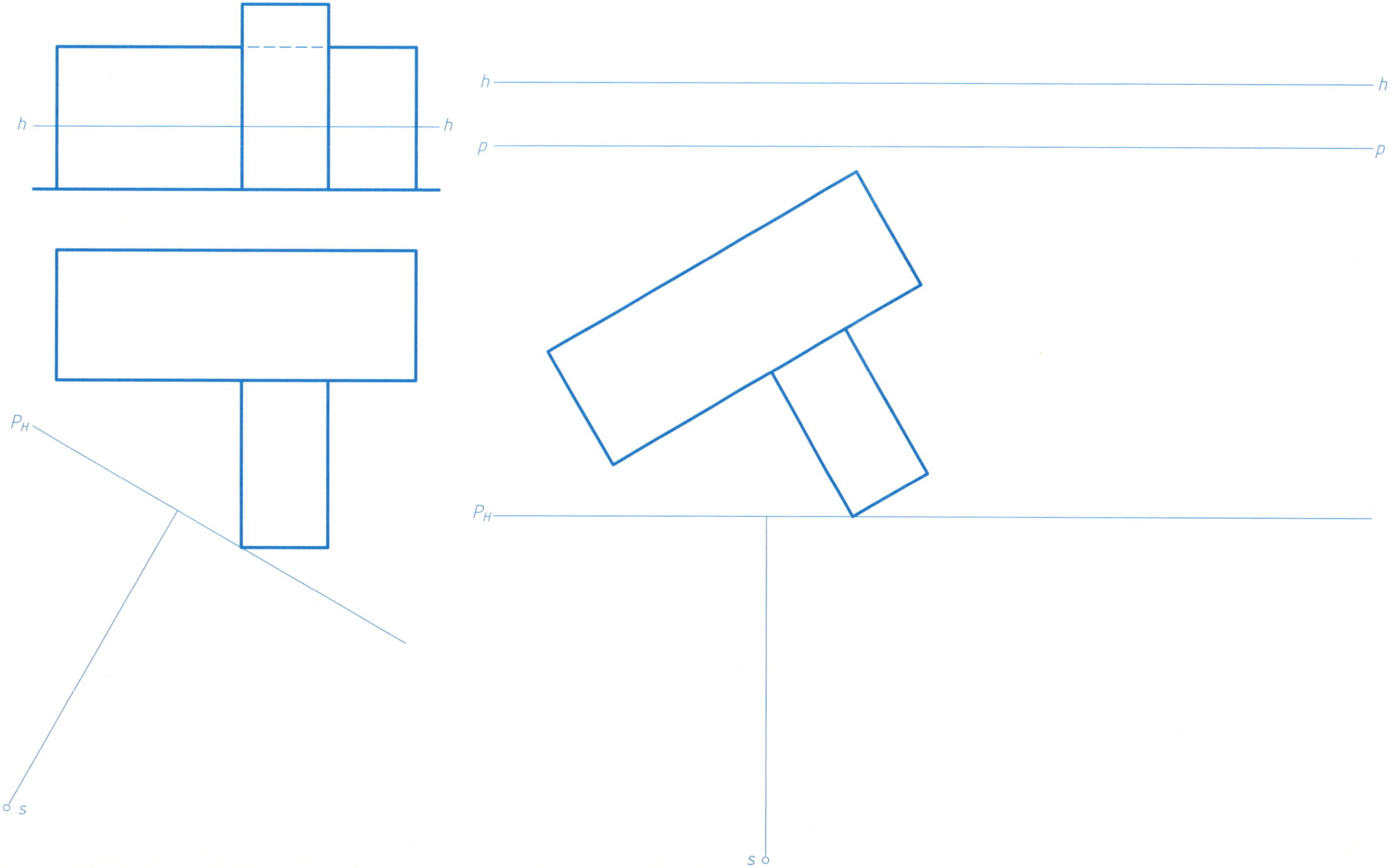

6. 求作台阶的透视(放大比例，在另外的图纸上作图)。

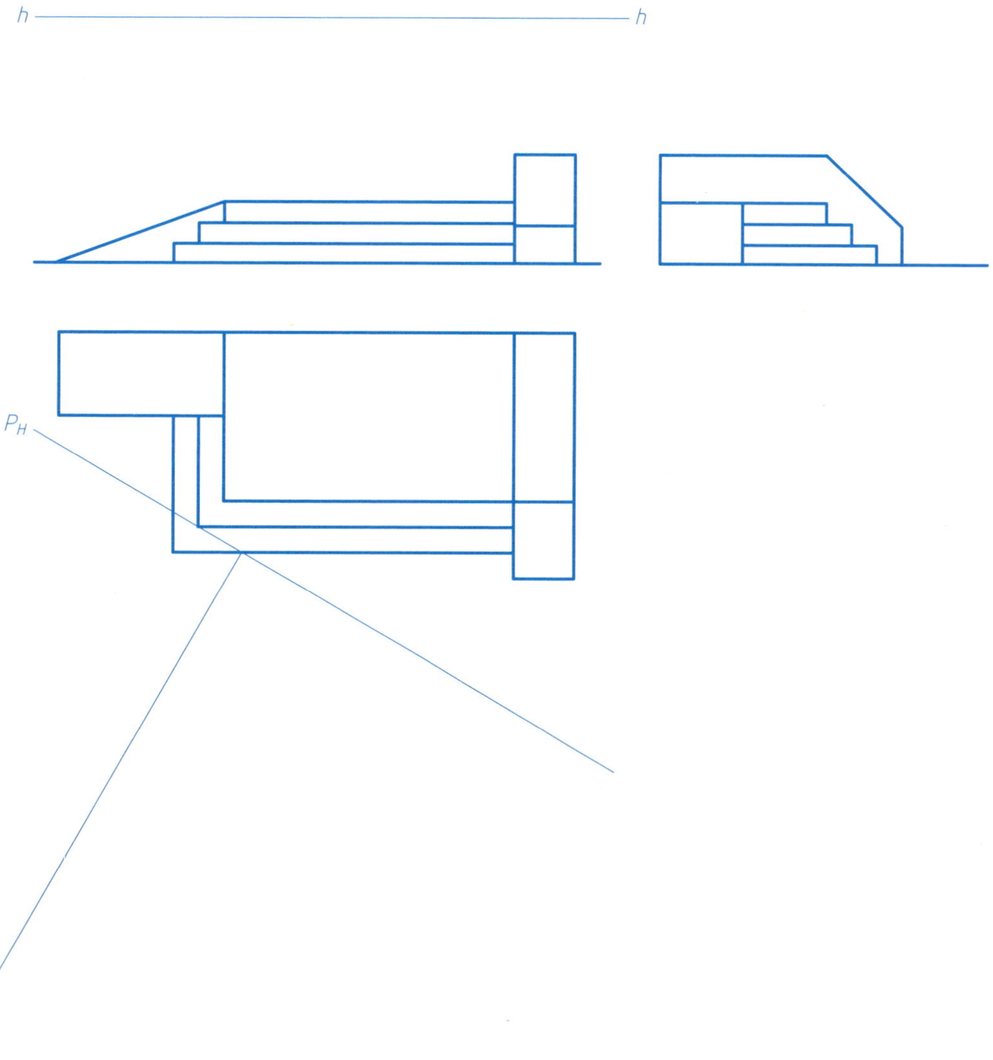

7. 求作房屋的透视。

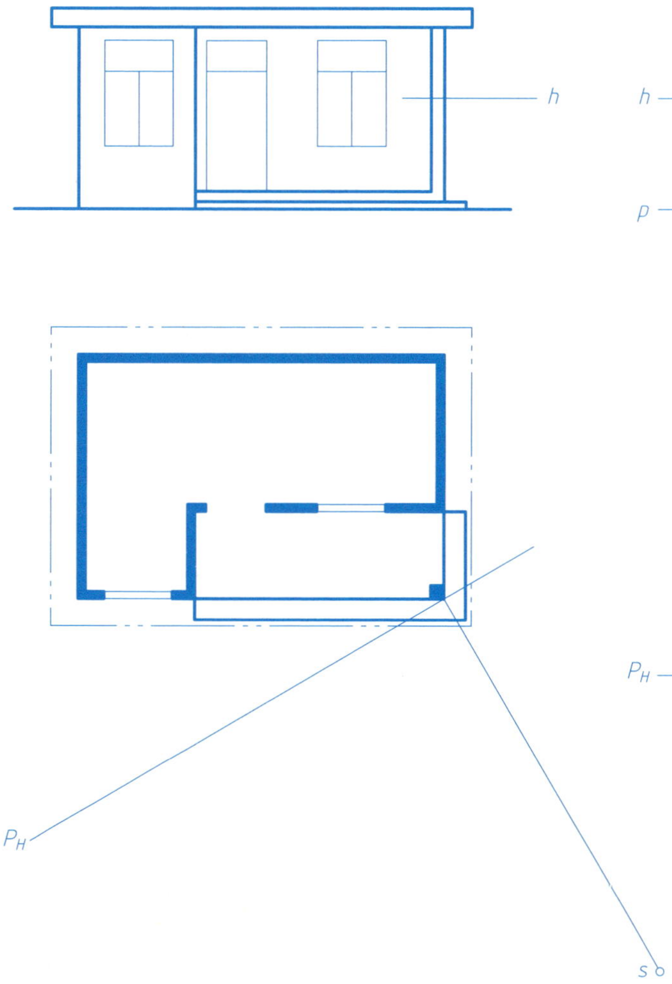

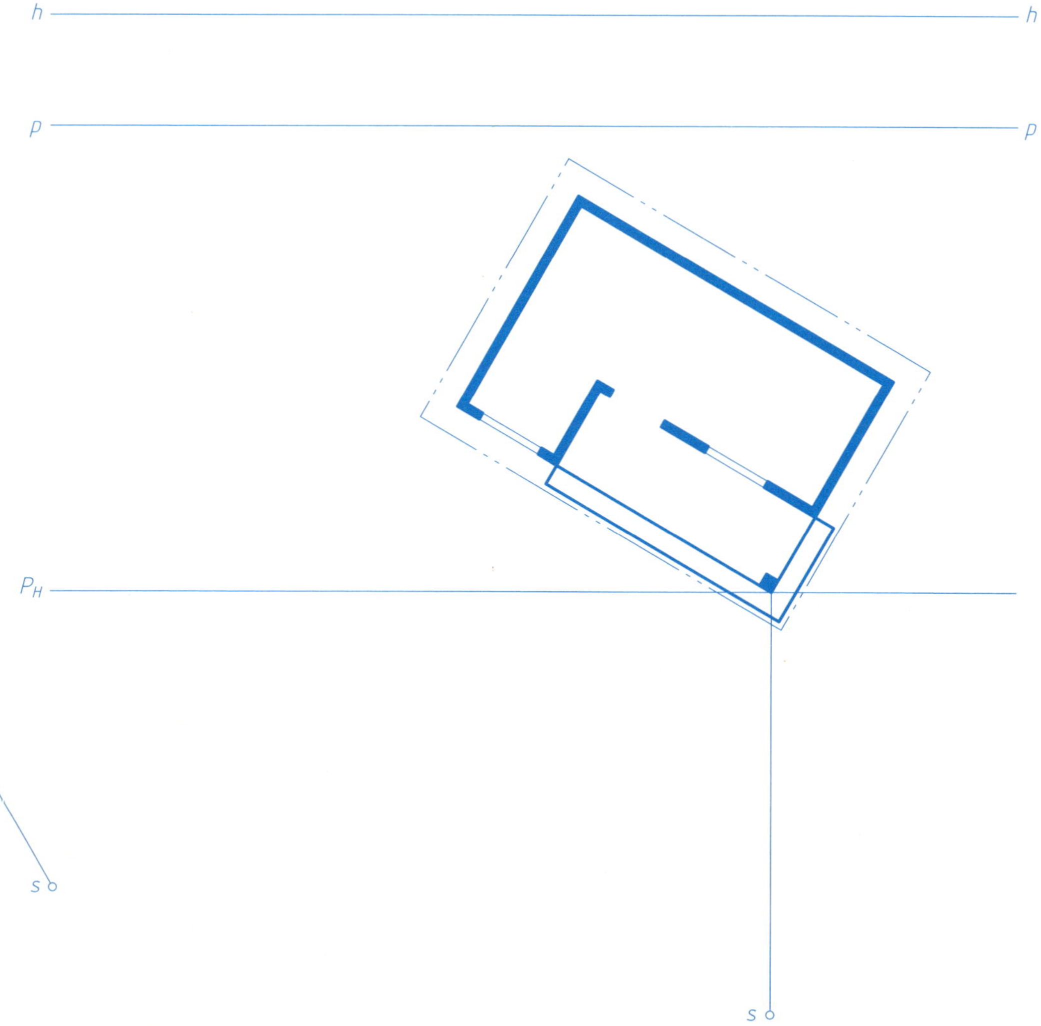

8. 求作房屋的透视。

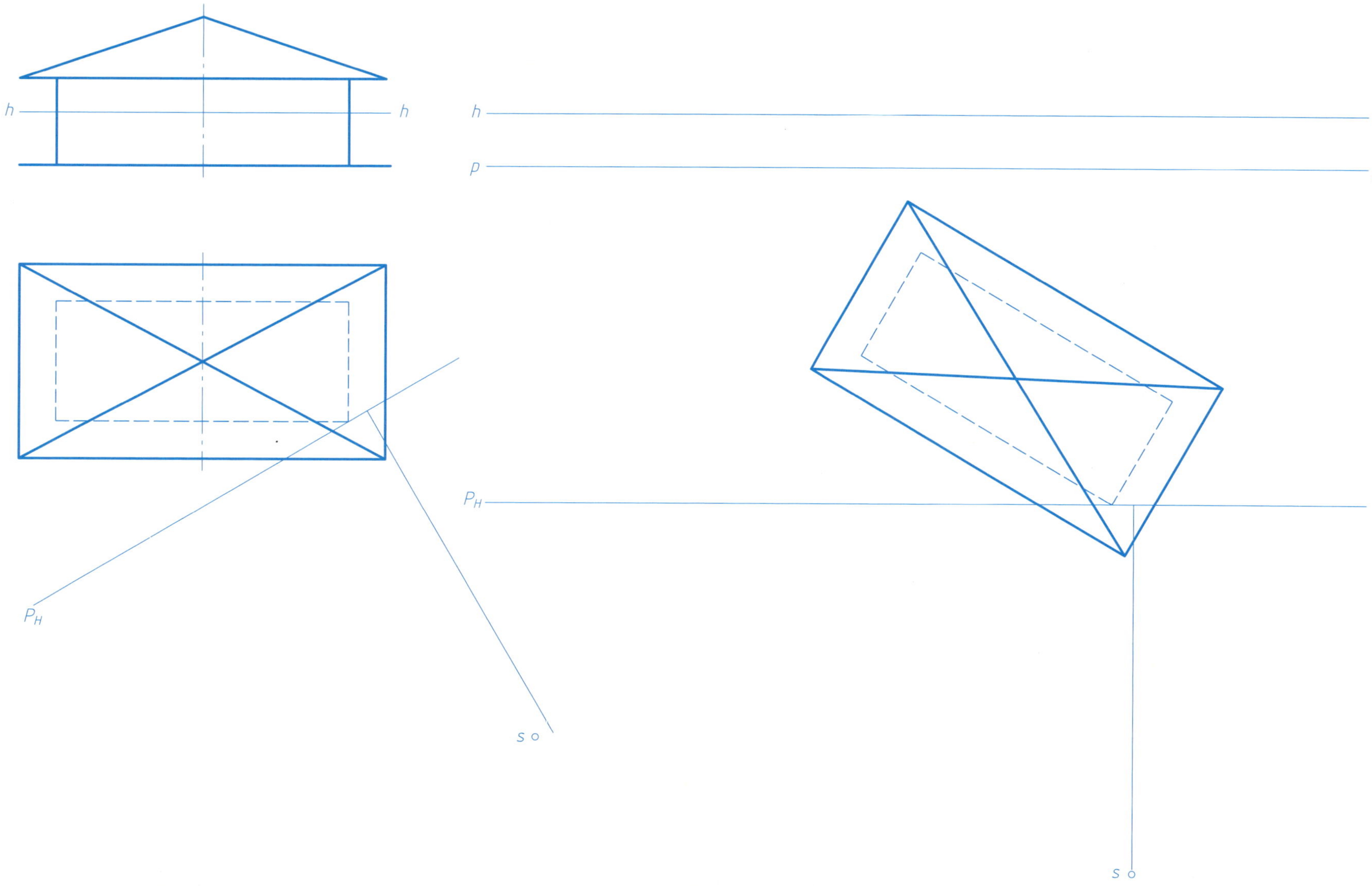

5.5 曲面体的透视

1. 求作大厅的室内透视。

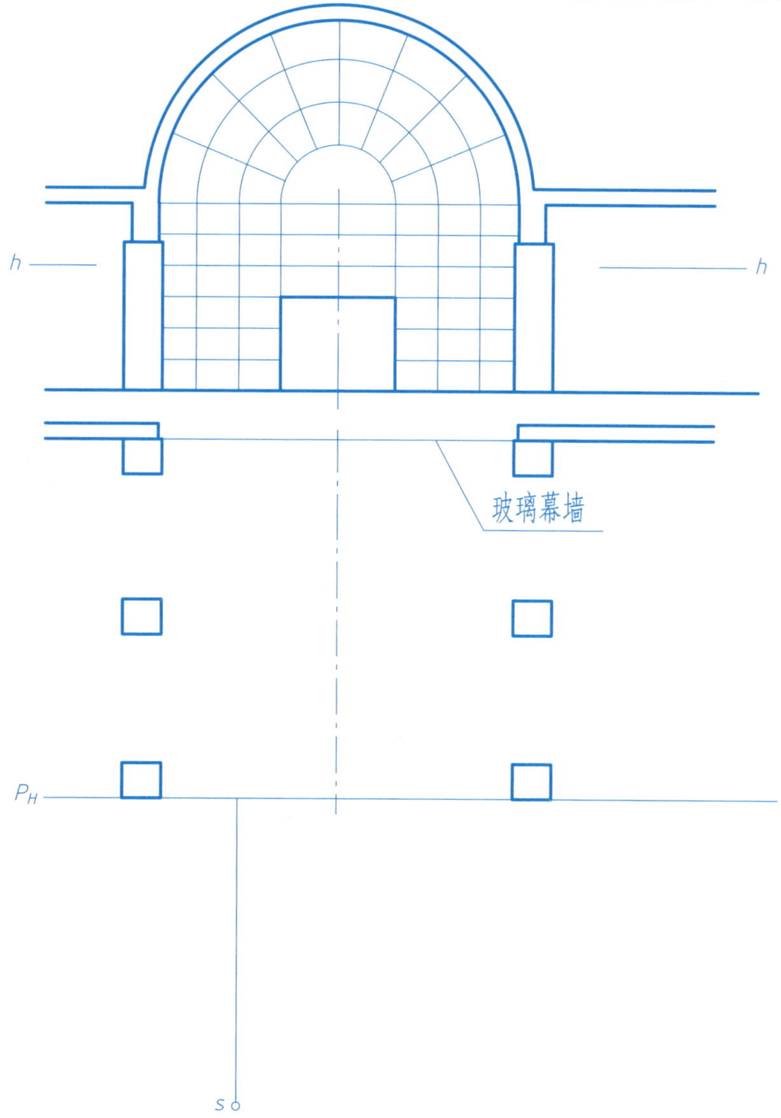

2. 求作台阶的透视（在另外的图纸上作图）。

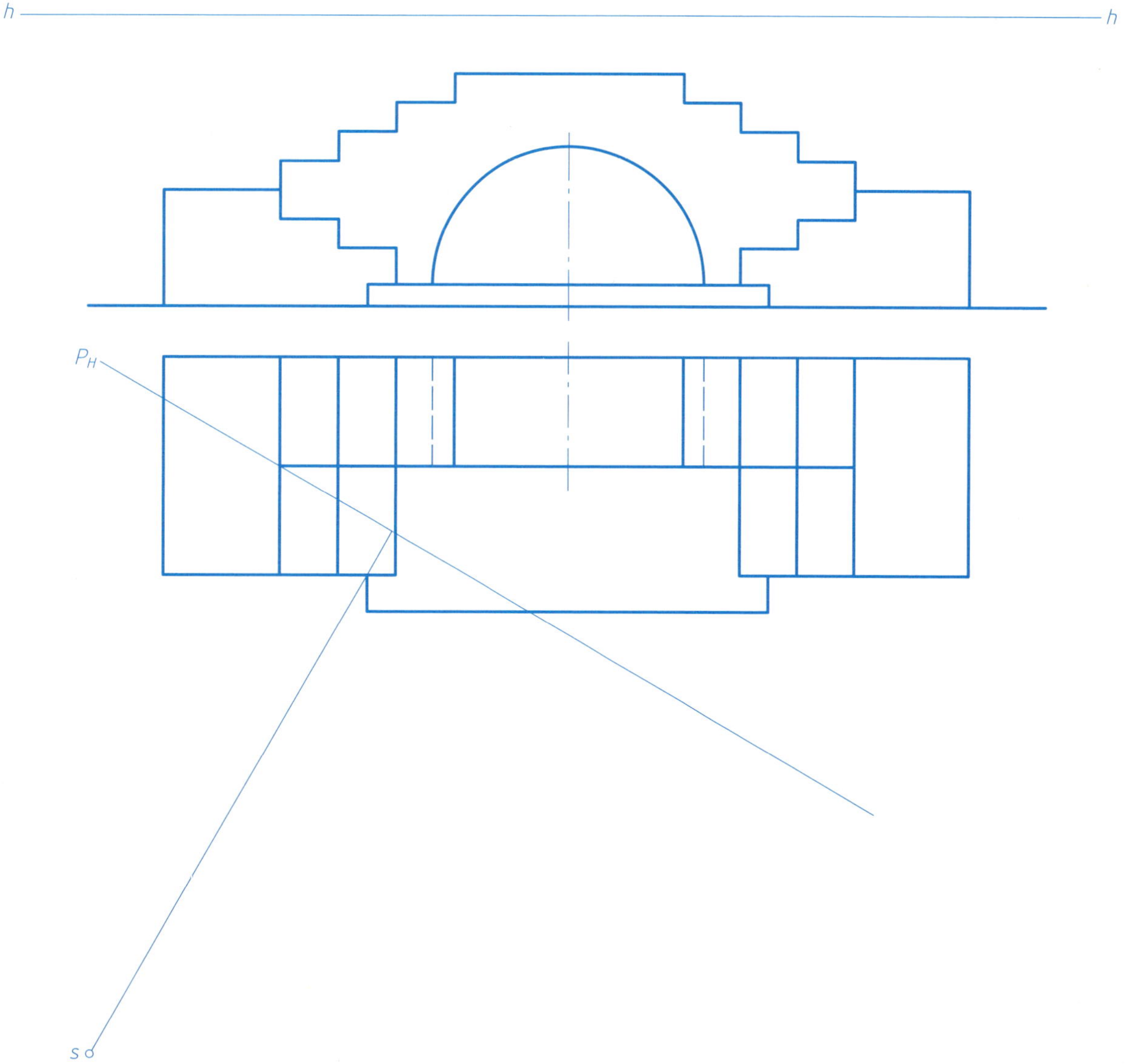

1. 已知线段AB的标高投影$a_{7.3}$，$b_{3.8}$，试求该线段的坡度和直线上的整数标高点7、6、5、4。

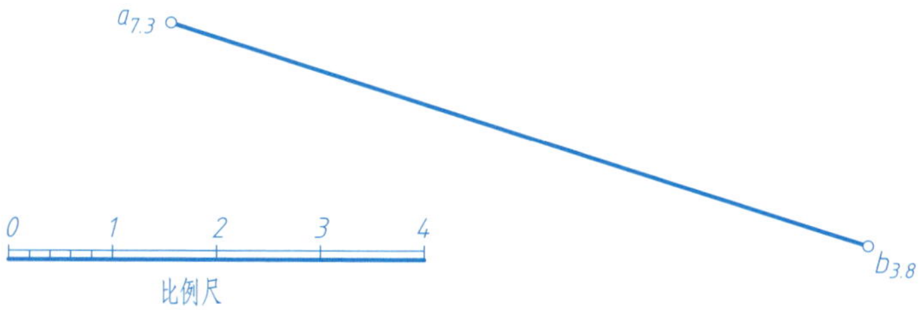

2. 已知$\triangle ABC$的标高投影$\triangle a_{4.4}b_{6.6}c_{9.2}$，求作该平面上的等高线（高程间隔为1 m）及该平面对H面的倾角α。

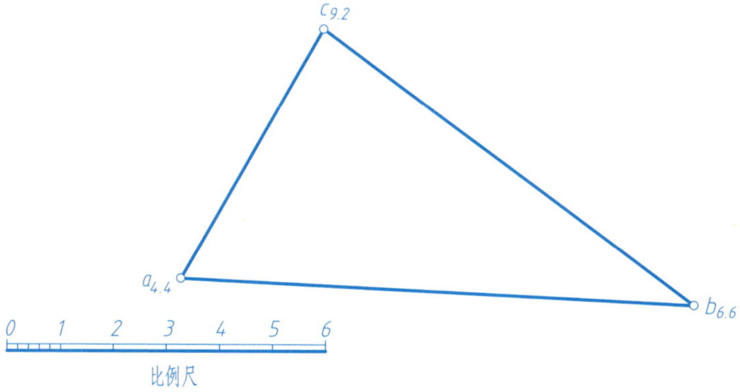

3. 求作下图所示两坡面的交线。

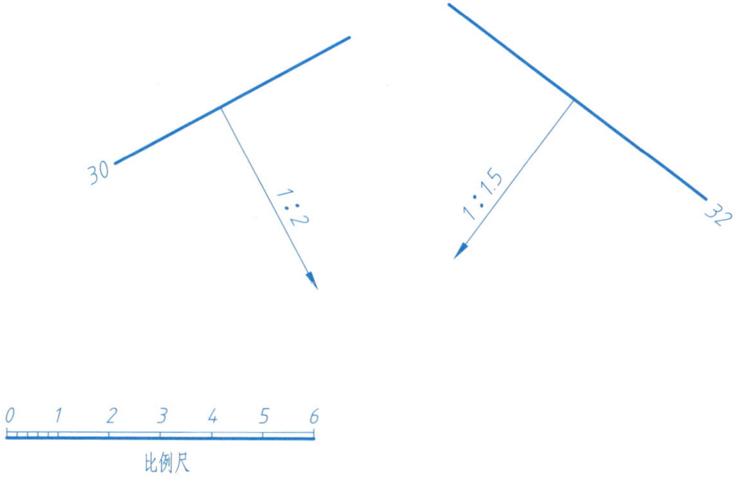

4. 已知平面P由坡度1∶1.5和等高线4确定，平面Q由坡度1∶1和倾斜直线（坡度为1∶2，端点A的高程为5）确定，求作平面P、Q的交线。

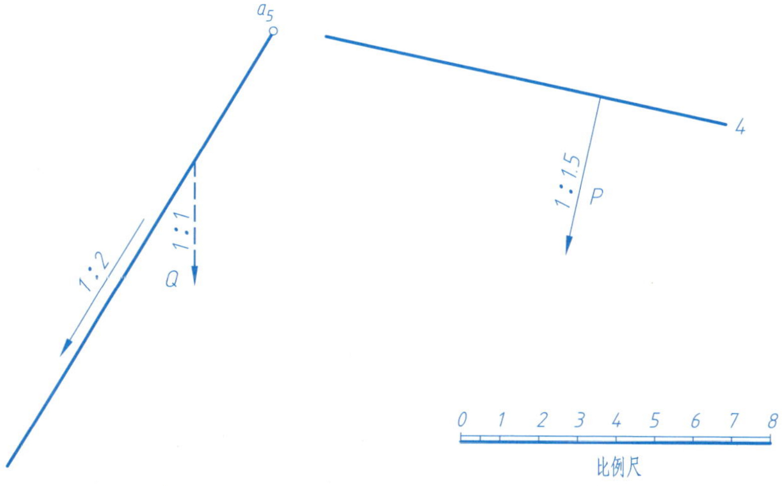

班级:________ 姓名:________ 学号:________

5. 在一坡面上开挖基坑，如下图所示。求作基坑各边坡的交线及其与坡面的交线。

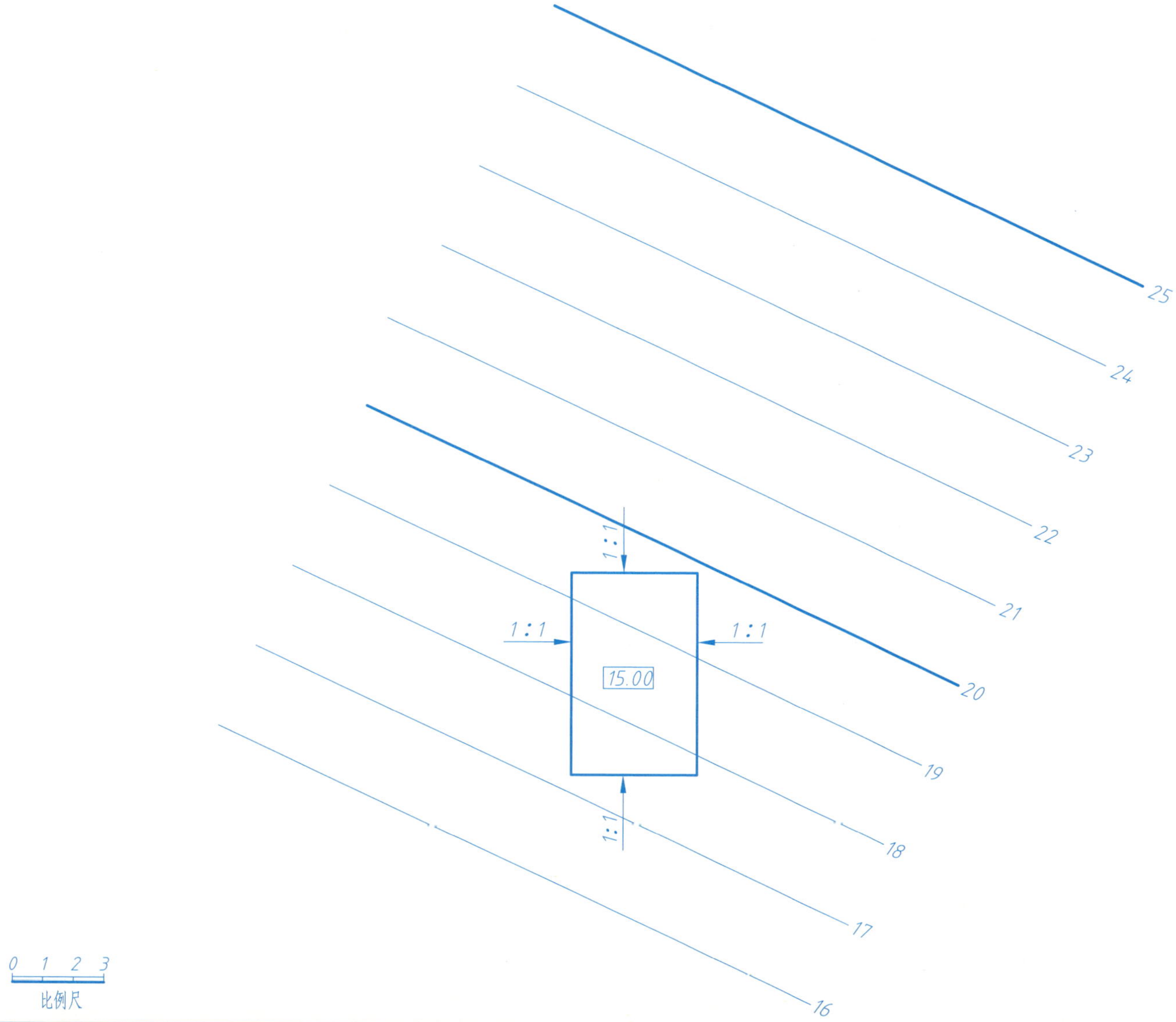

6. 相接两堤的堤顶高程及各边坡坡度如下图所示，求作两堤边坡的坡脚线及坡面的交线。

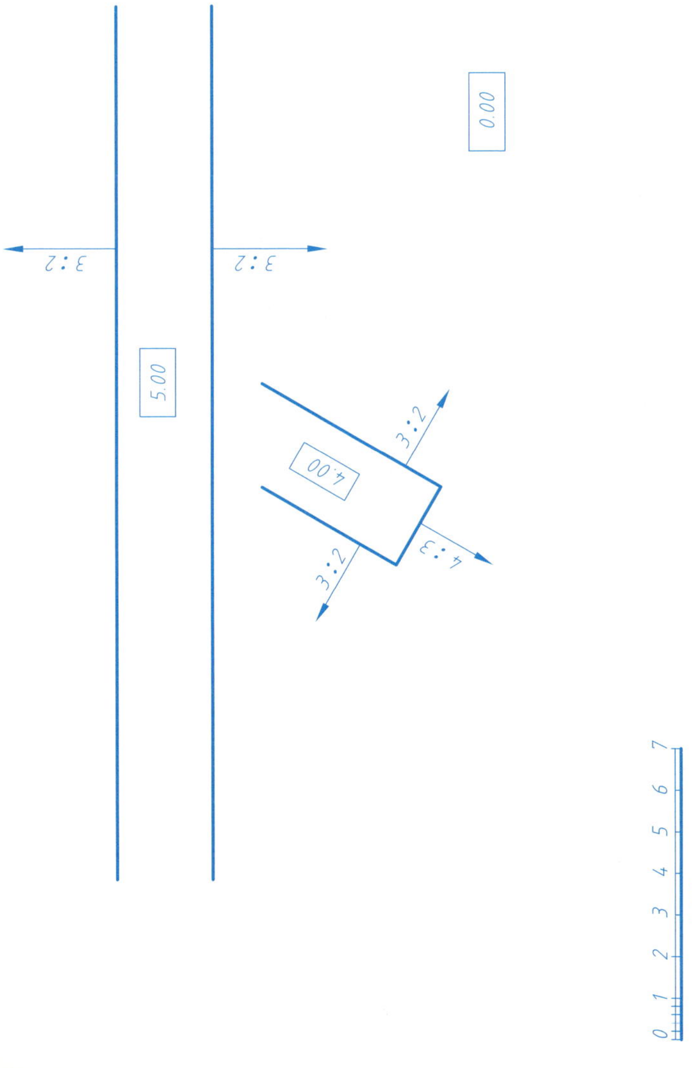

7. 求作两路堤边坡与地面的交线。

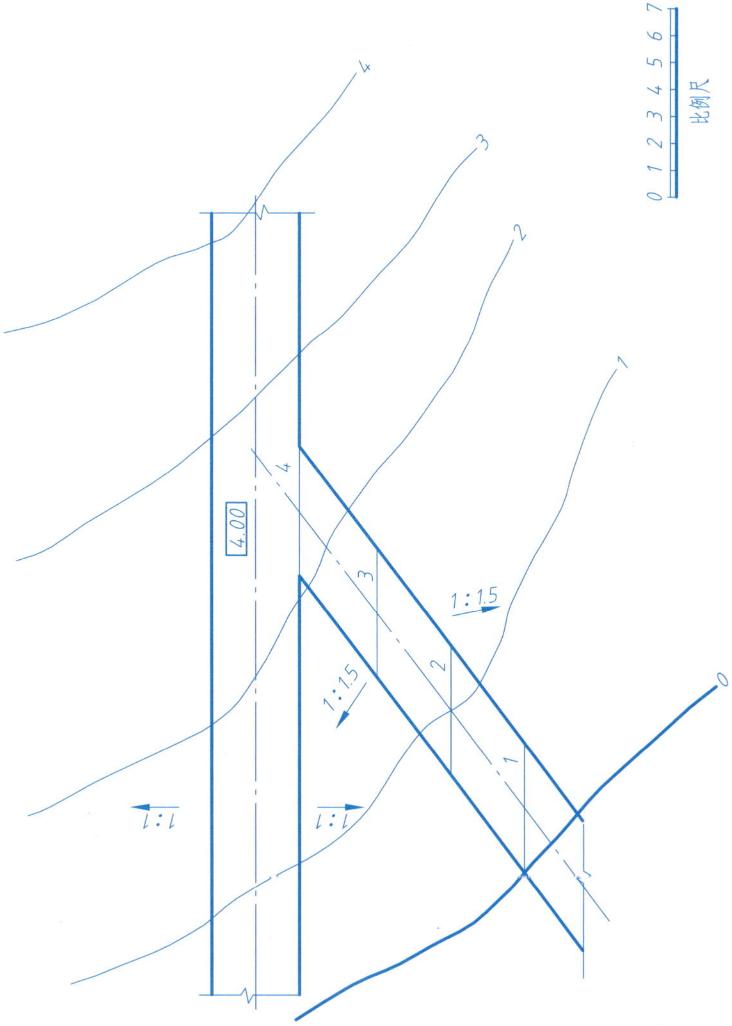

班级:________ 姓名:________ 学号:________

8. 求作直线AB和地面的交点，并标出交点的高程。

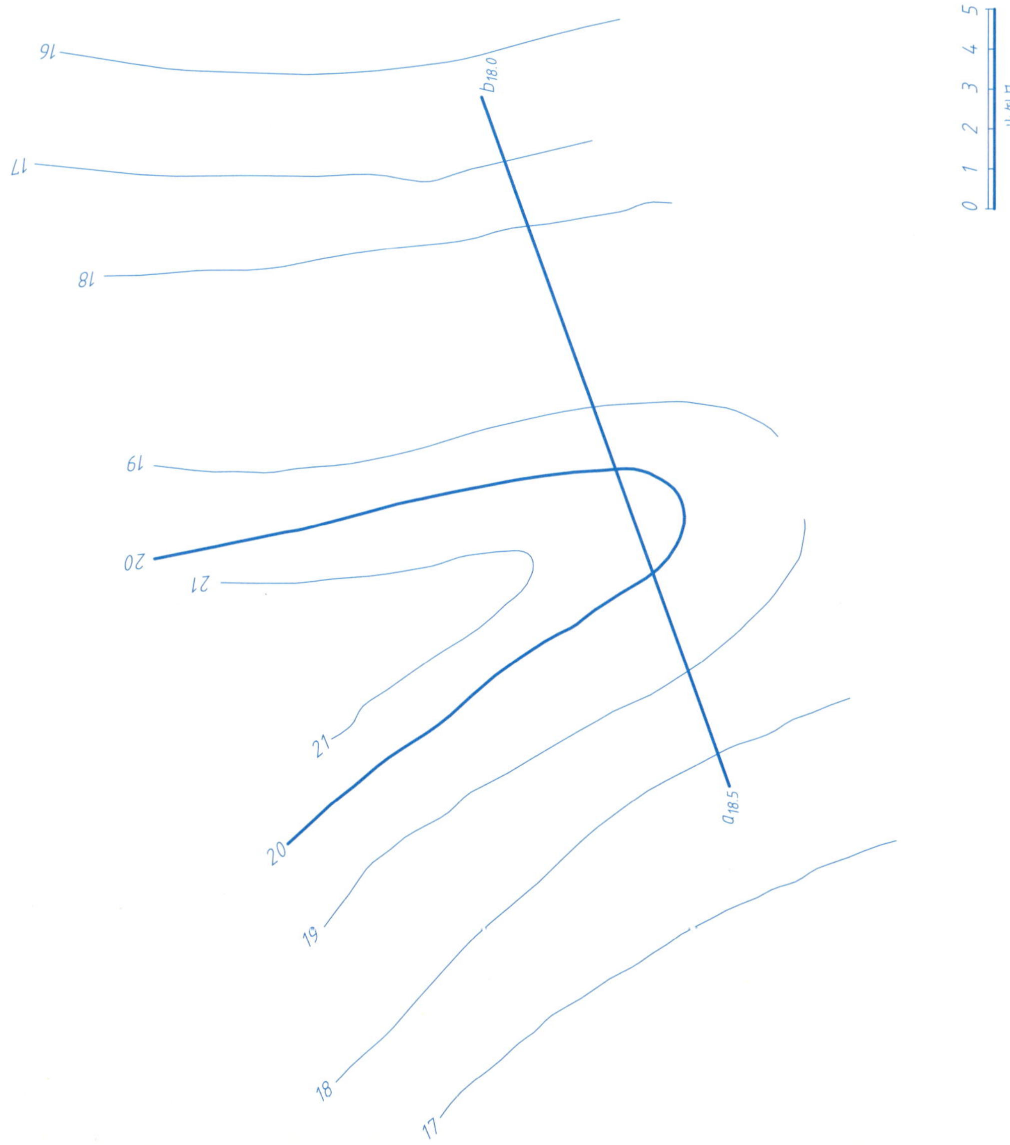

班级:________ 姓名:________ 学号:________

9. 根据图示地形图及平台的形状与位置，求作各边坡的交线及开挖线和坡脚线。填方坡度为1∶1.5,挖方坡度为1∶1。

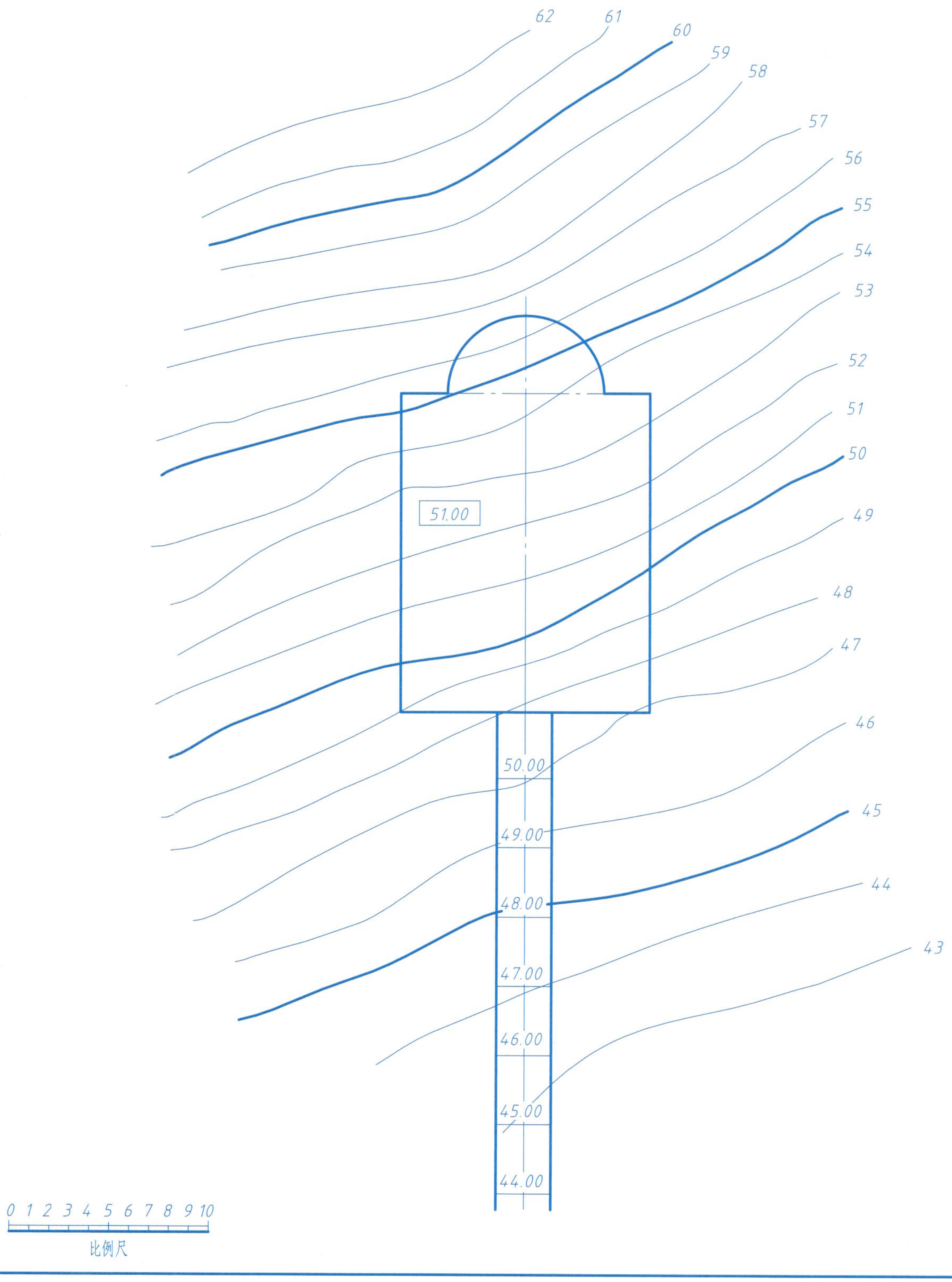

10. 在地面上建一高程为35 m的圆形广场，填方坡度为1∶1.5，挖方坡度为1∶1，求作填、挖方的坡脚线和开挖线。

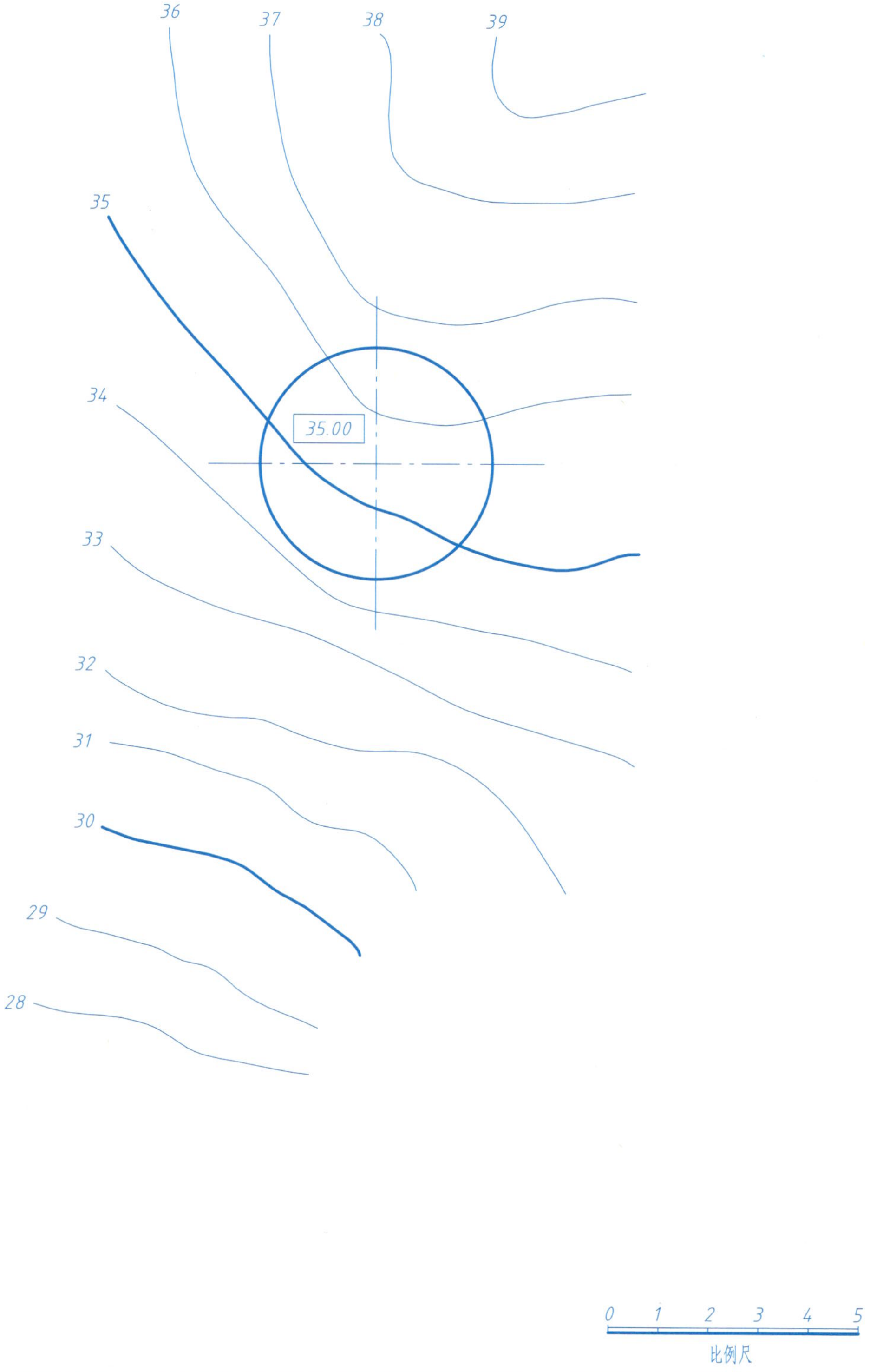

班级：________ 姓名：________ 学号：________

班级:________ 姓名:________ 学号:________

11. 图示为拟建的平台和与其连接的坡道,各填、挖方边坡的坡度均为1∶1，求作各边坡的交线以及开挖线和坡脚线。

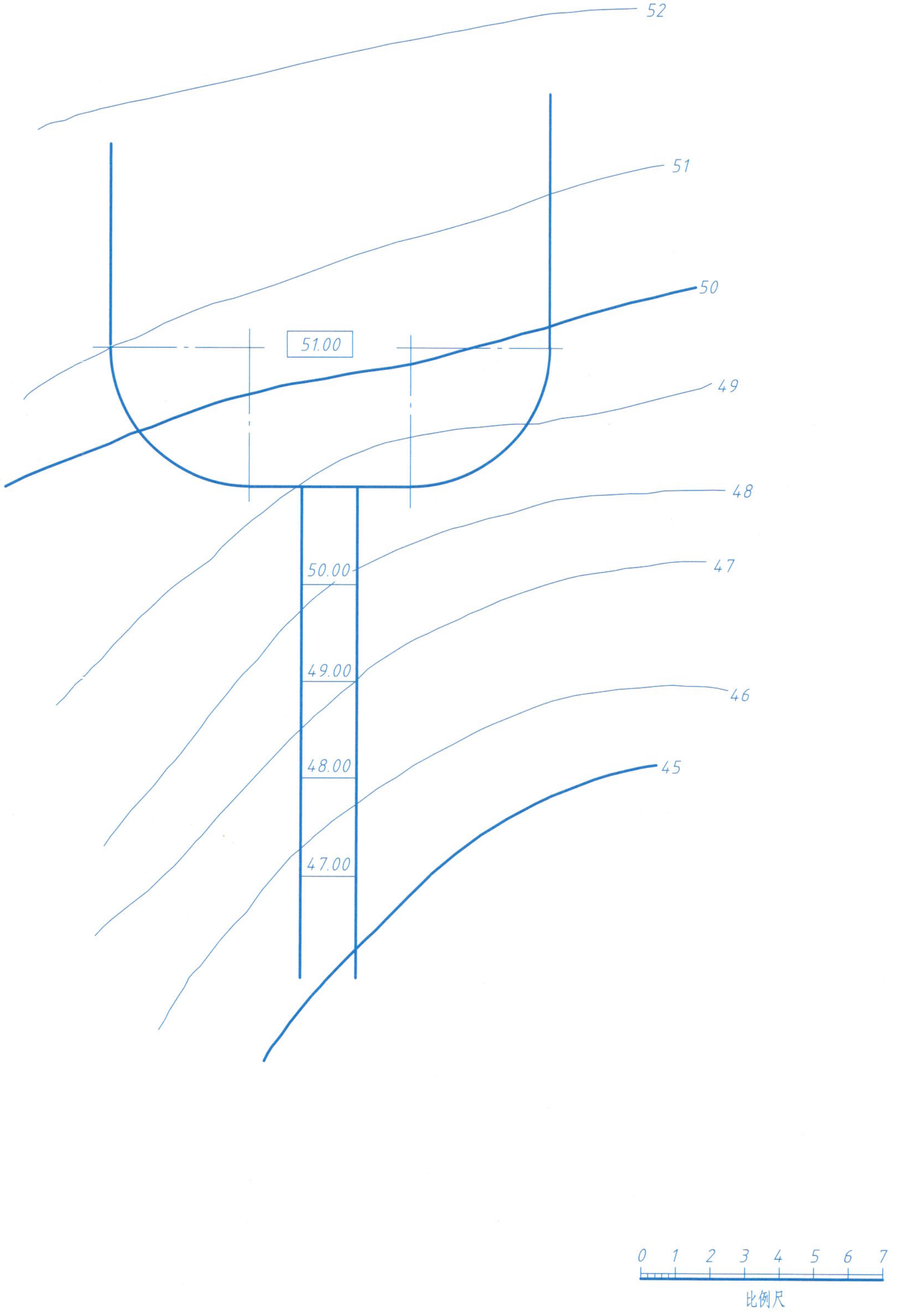

班级:________ 姓名:________ 学号:________

12. 已知地形图上土坝轴线的位置和土坝断面图，求作:

(1) 土坝平面图。(2) 土坝下游立面图。

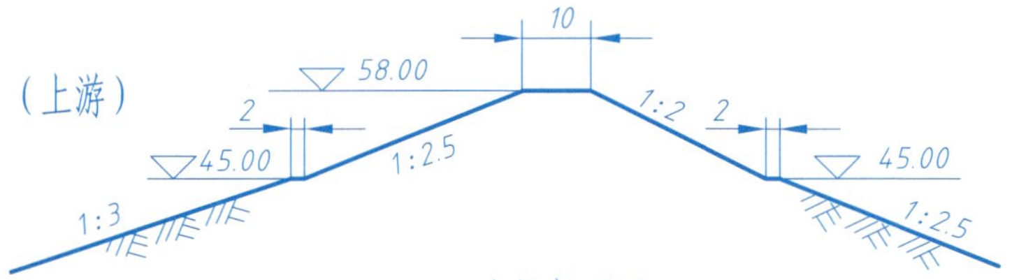

土坝断面图

比例尺

土坝下游立面图

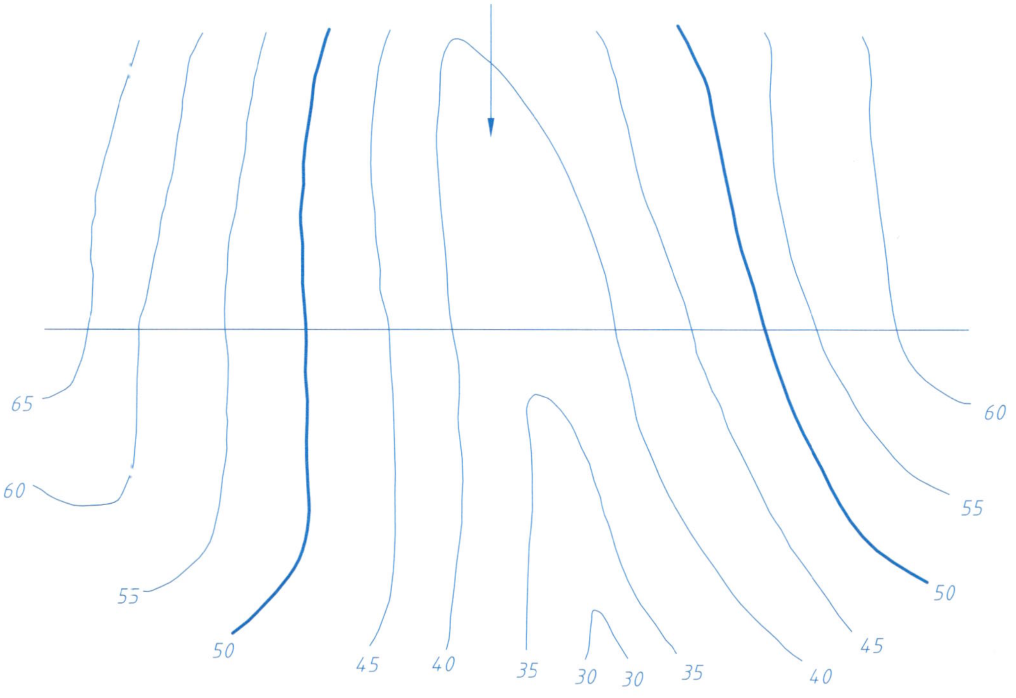

土坝平面图

7.1　正投影图的阴影

1. 求作点A、B在投影面上的落影。

(1)

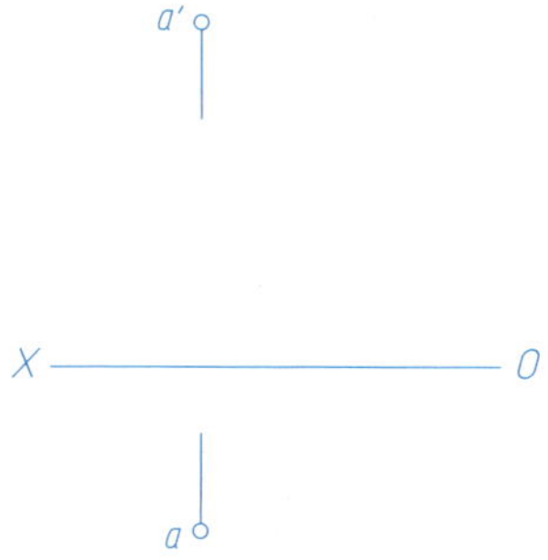

(2)

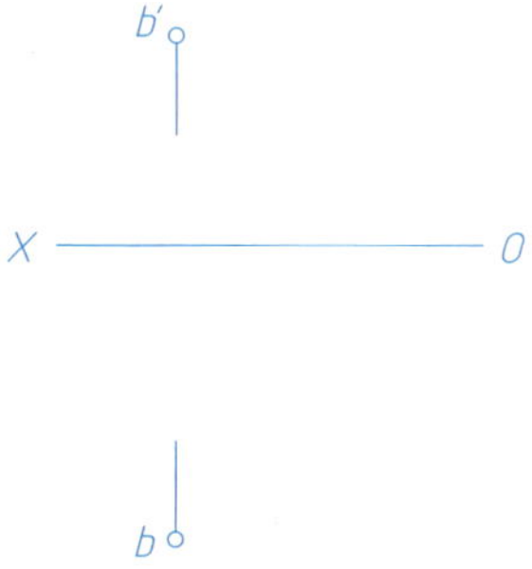

2. 求作点A在积聚性平面P上的落影。

(1)

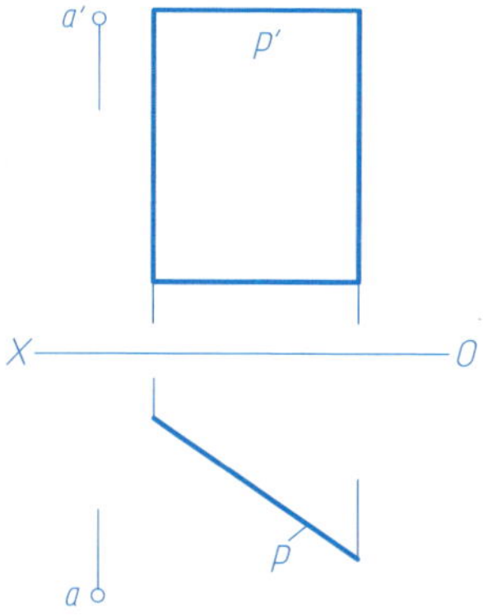

(2)

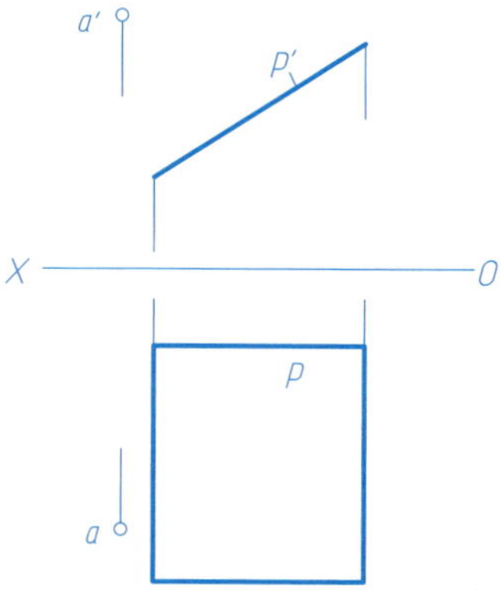

3. 求作点A在三角形平面BCD上的落影。

(1)

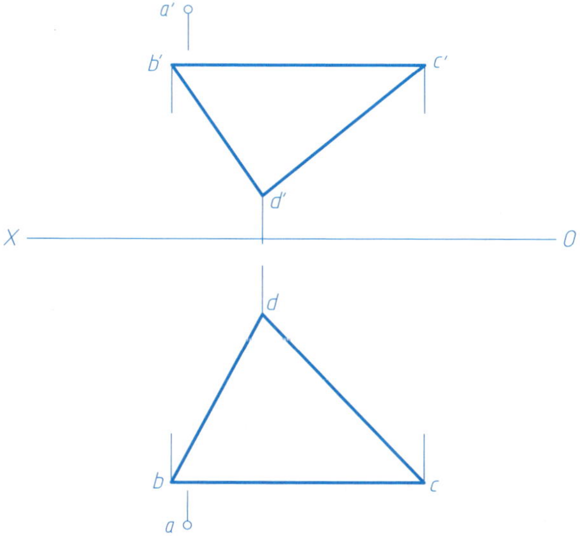

(2)

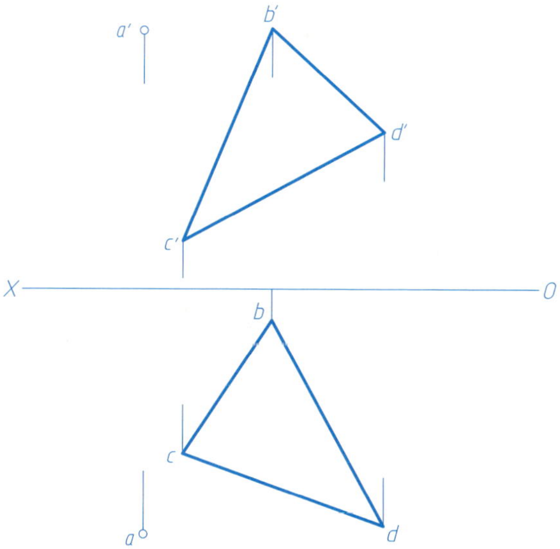

4. 求作线段AB、CD在投影面上的落影。

(1)

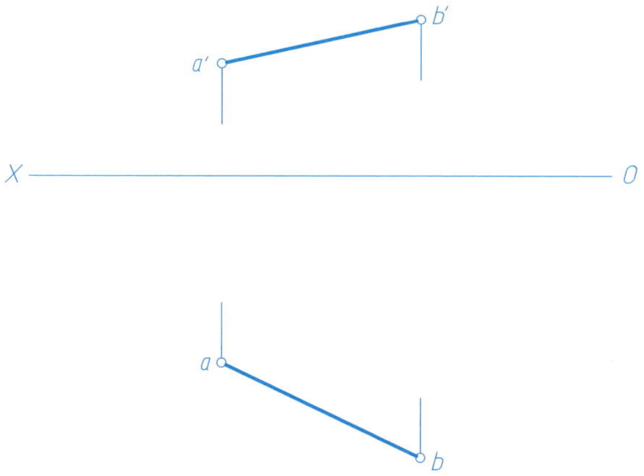

(2)

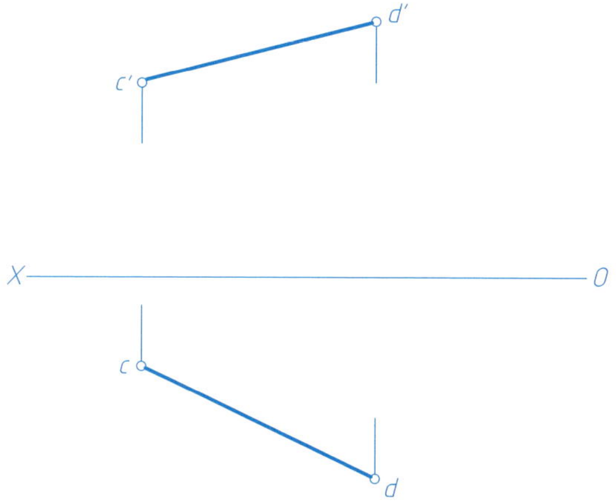

5. 求作线段AB、CD在投影面上的落影。

(1)

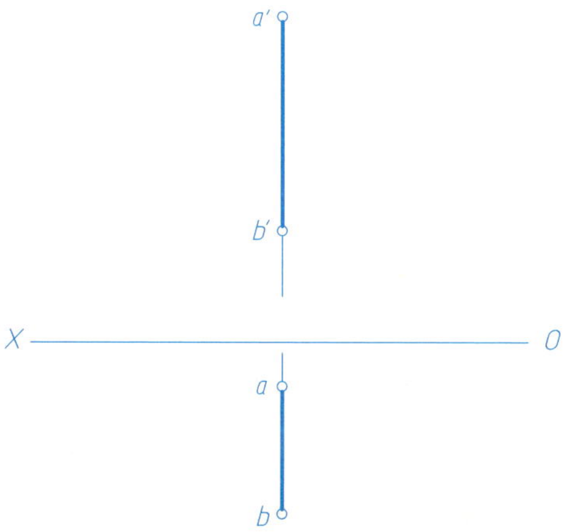

(2)

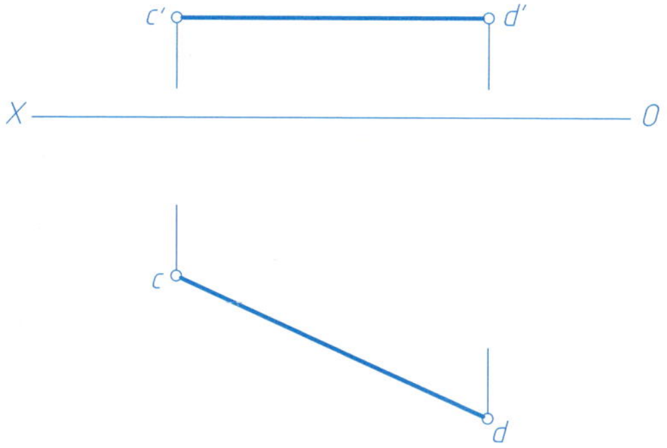

班级:________ 姓名:________ 学号:________

6. 求作线段AB在平面N上的落影。

(1)

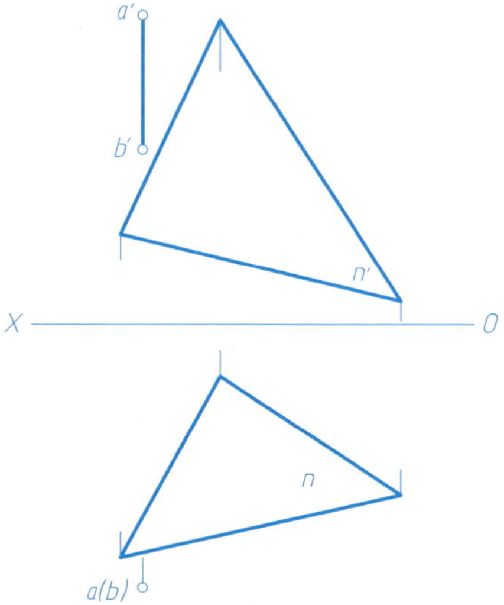

(2)

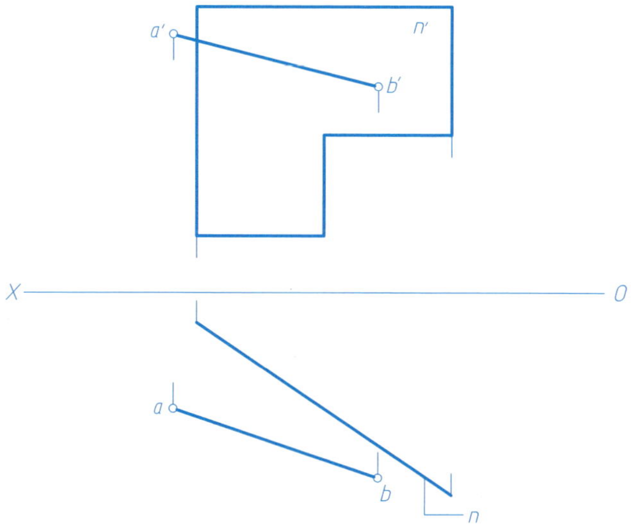

7. 求作线段AB在平面K上的落影。

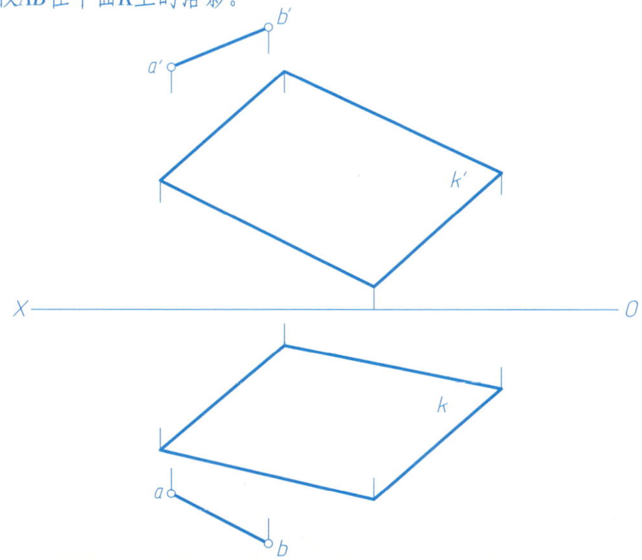

8. 求作线段AB在两个平行平面P、Q上的落影。

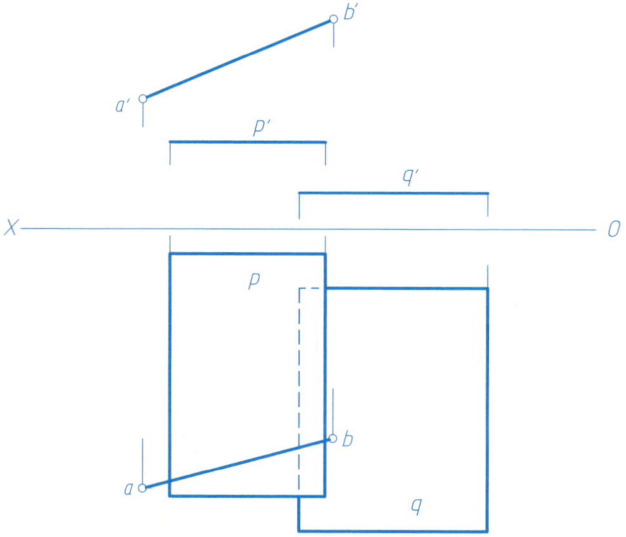

9. 求作线段AB在折叠平面P上的落影。

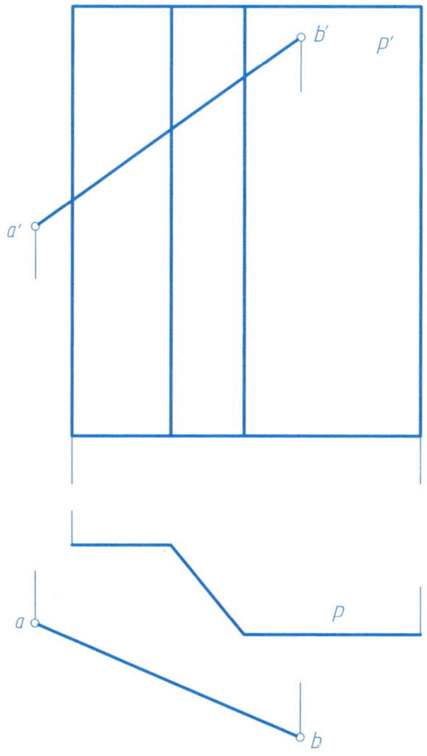

10. 求作线段AB在折叠平面P上的落影。

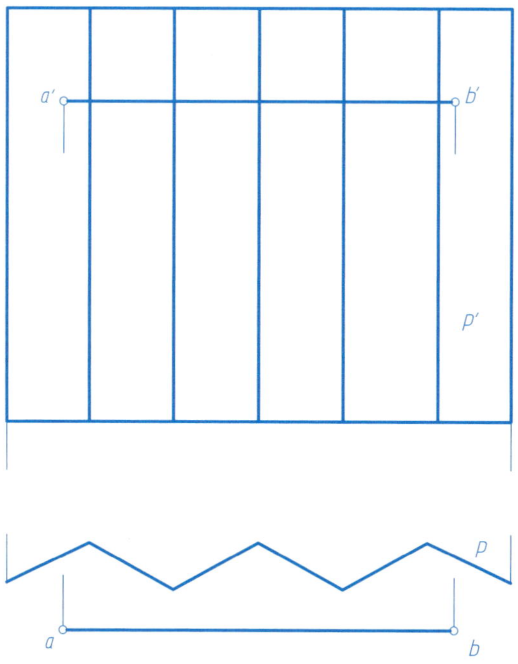

11. 求作四棱柱在投影面上的落影。

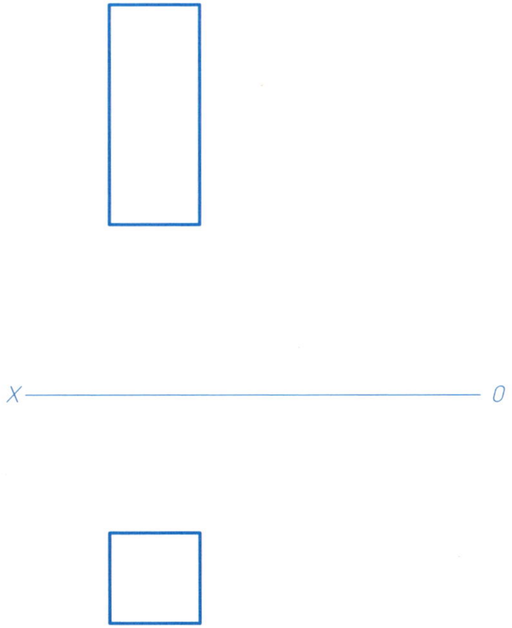

12. 求作长方体在P面上的落影。

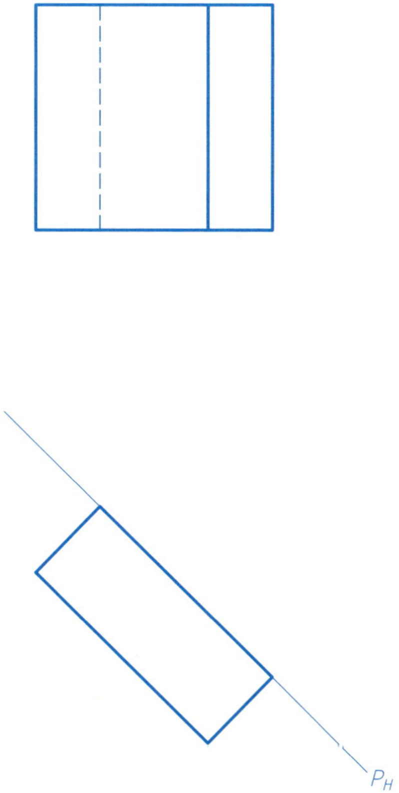

13. 求作平面立体在投影面以及在平面立体自身上的落影。

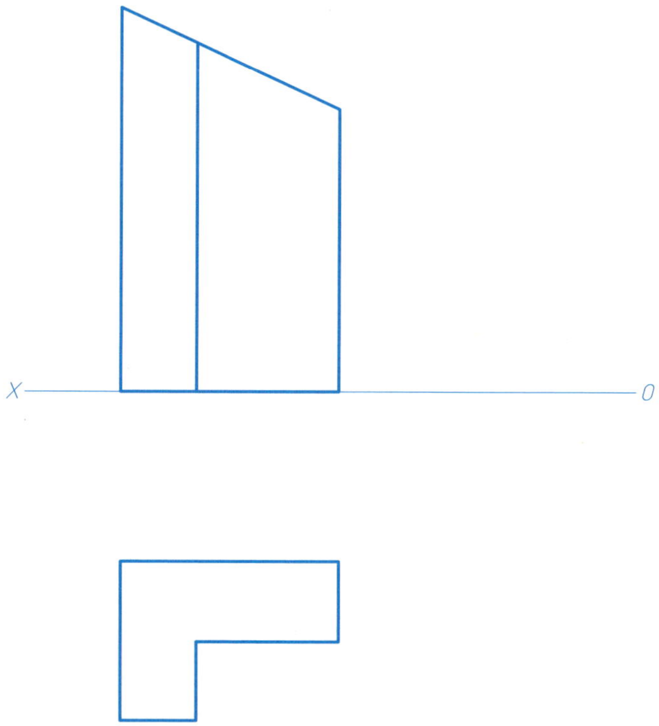

14. 求作平面立体在投影面以及在平面立体自身上的落影。

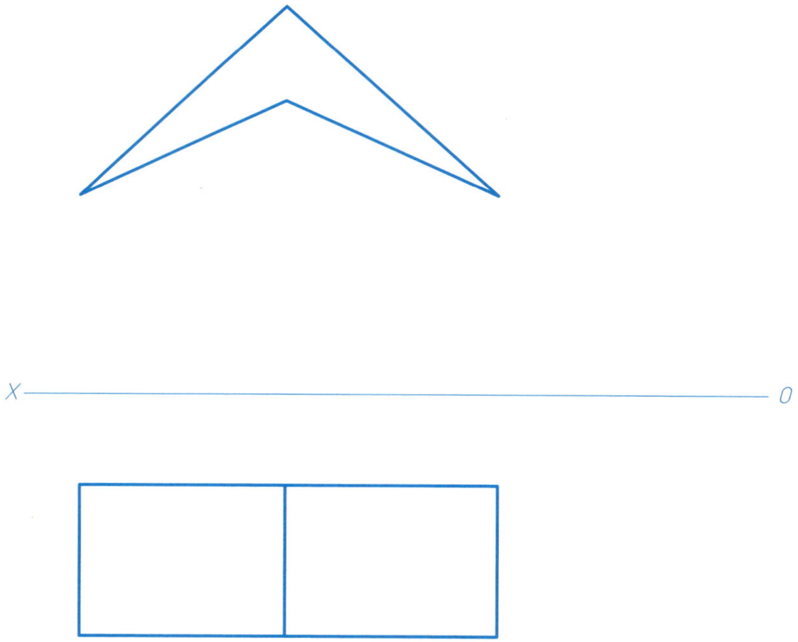

班级:________ 姓名:________ 学号:________

15. 求作四棱台在投影面上的落影。

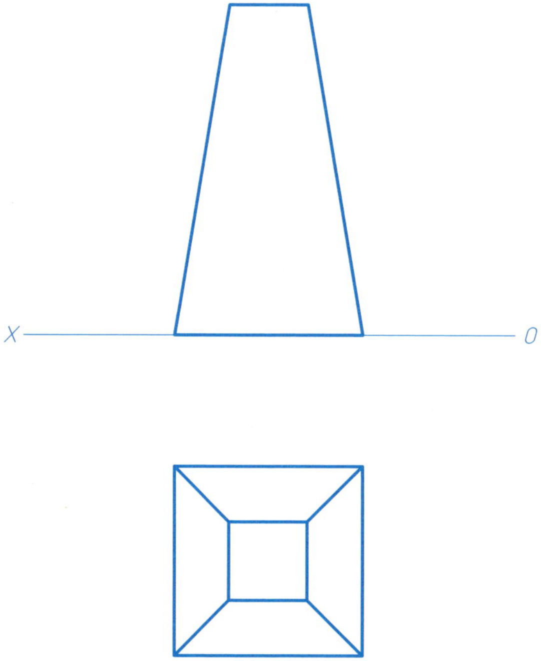

16. 求作截头三棱锥在投影面上的落影。

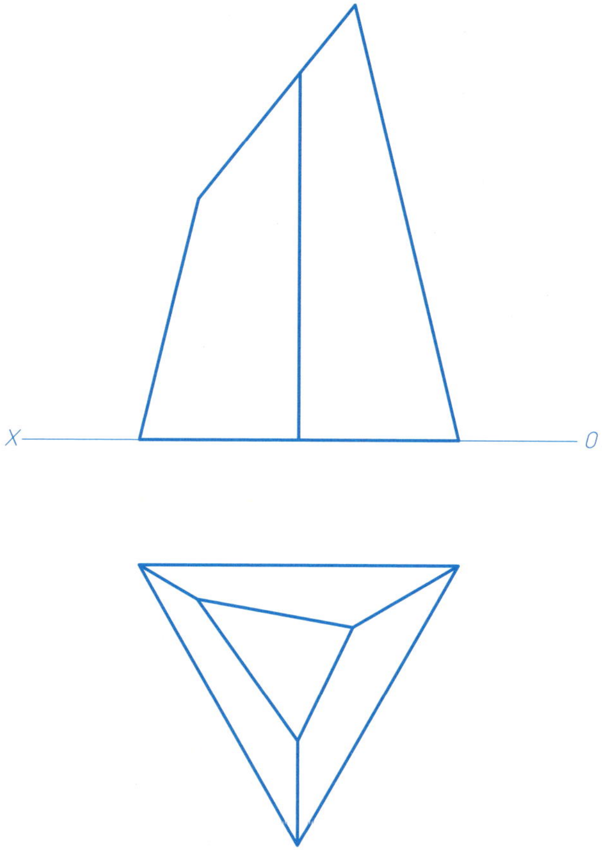

17. 求作长方体在墙面、地面以及在另一长方体上的落影。

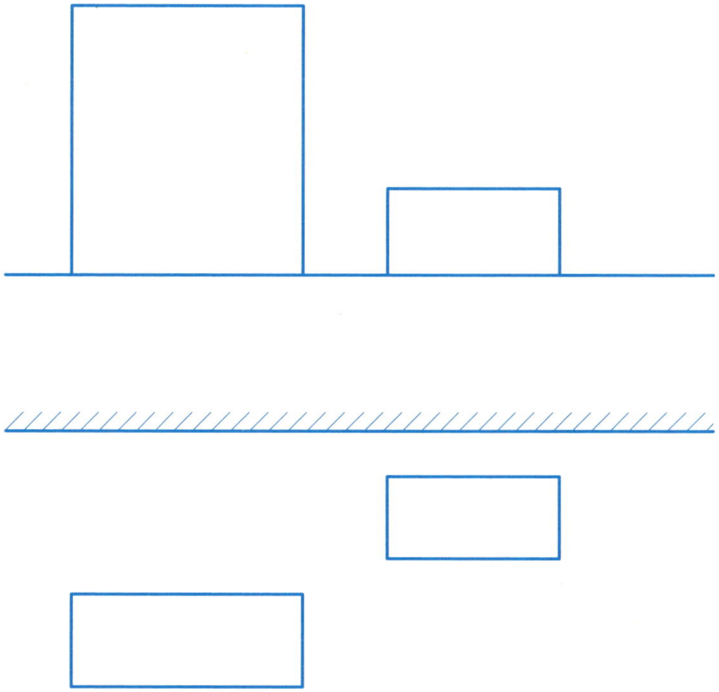

18. 求作房屋立面的落影。

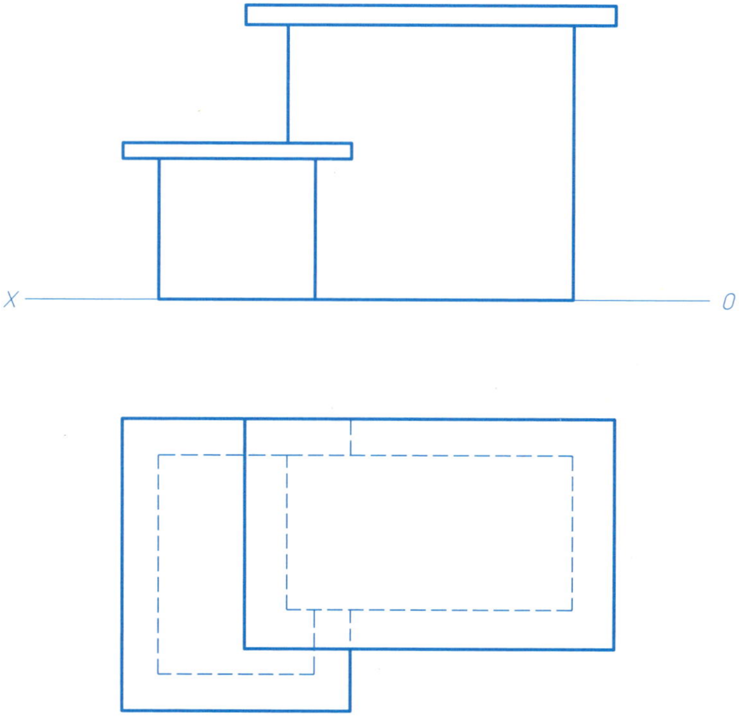

班级:________ 姓名:________ 学号:________

19. 求作平面立体在投影面上的落影。

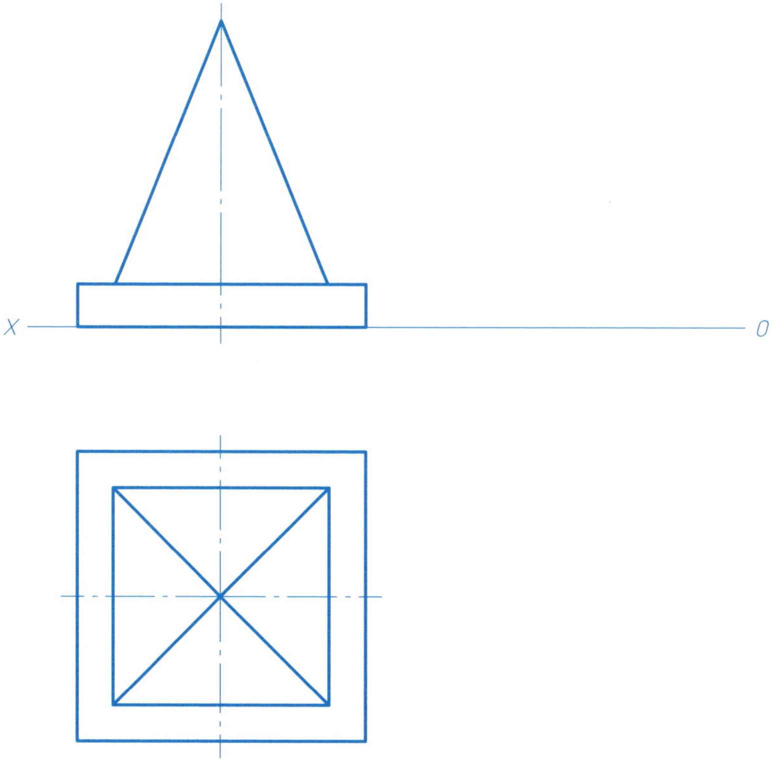

20. 求作平面立体在投影面以及平面立体自身上的落影。

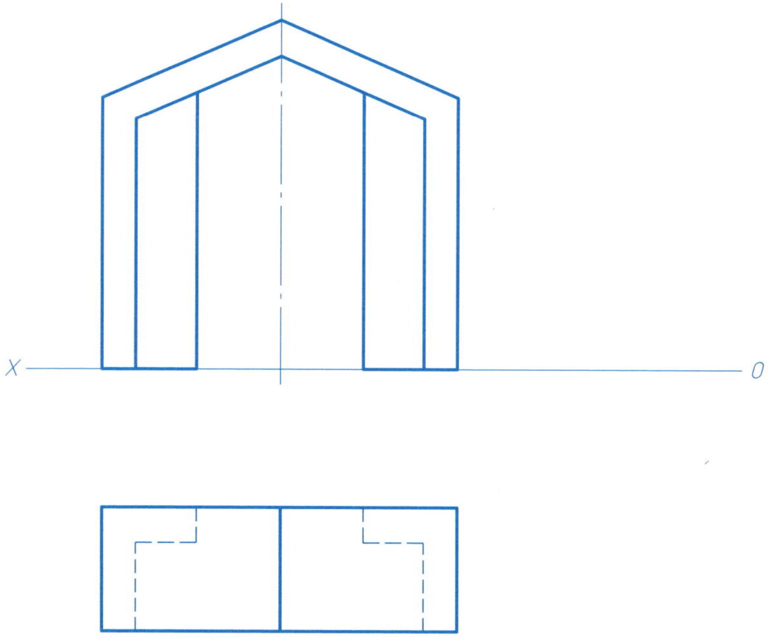

班级:________ 姓名:________ 学号:________

21. 求作带雨篷门洞的落影。

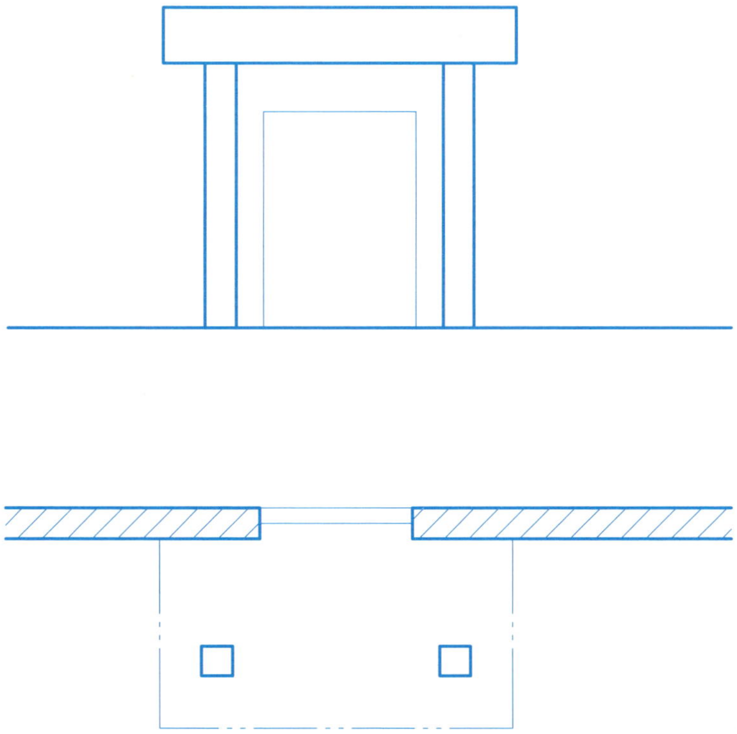

22. 求作房屋立面上的落影。

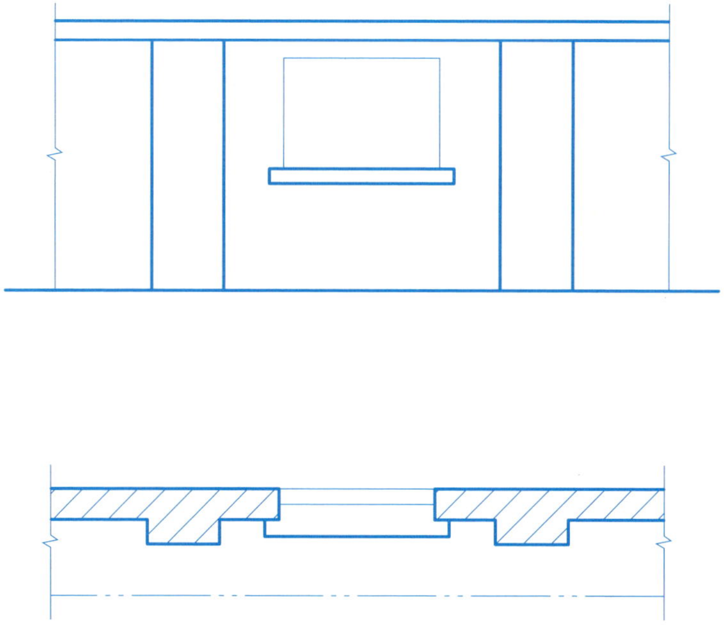

班级:________ 姓名:________ 学号:________

23. 求作台阶的落影。

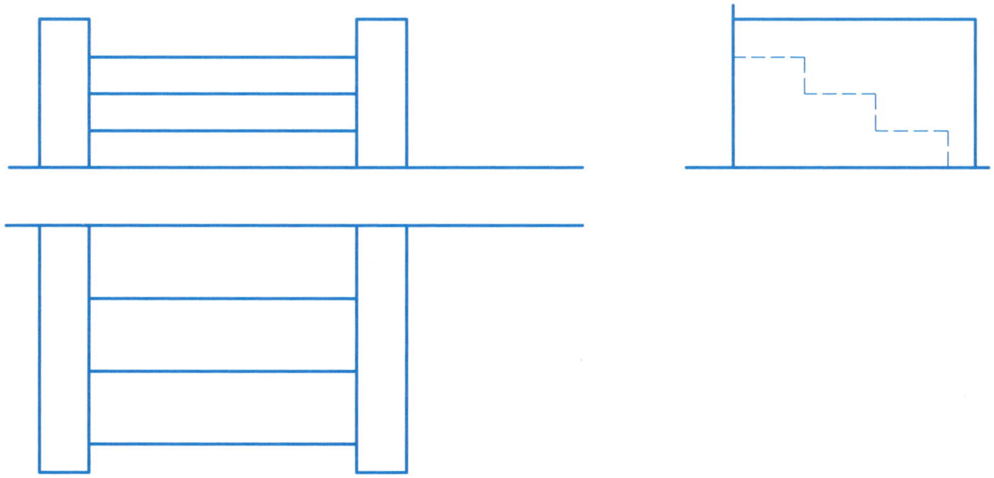

24. 求作房屋立面的阴影。

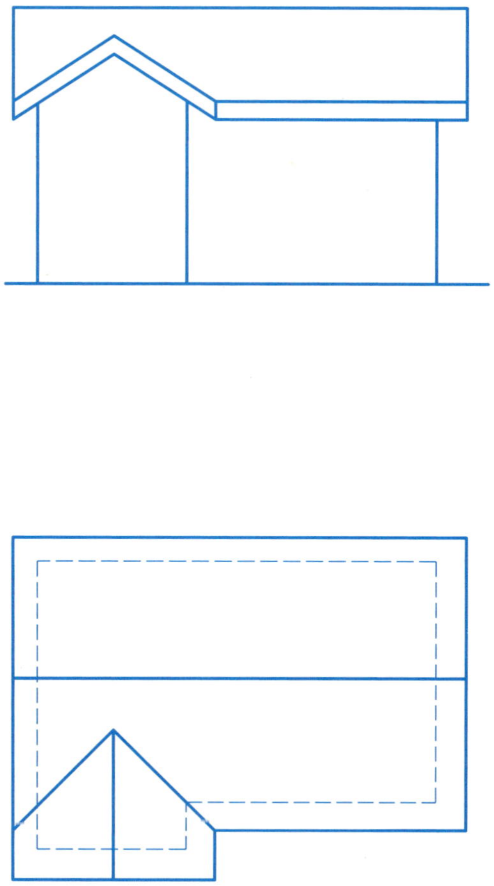

25. 求作建筑形体在立面、地面上的落影。

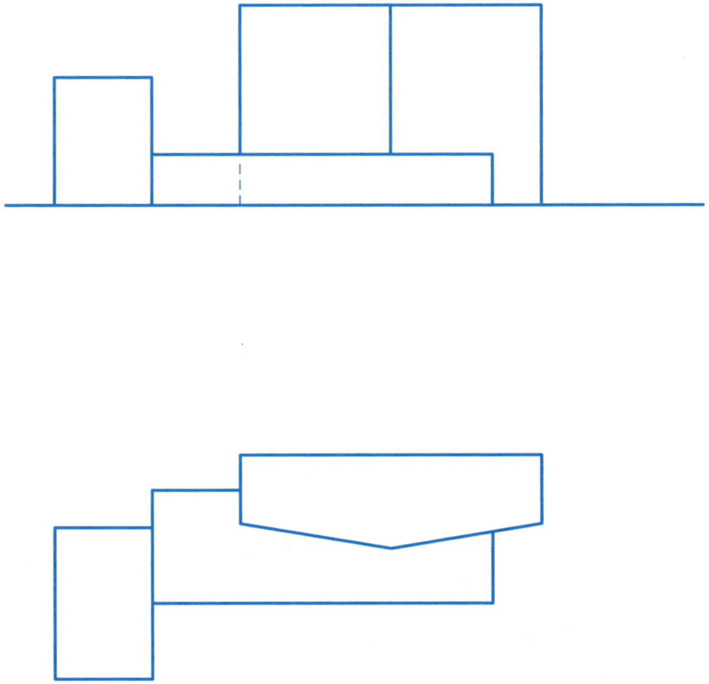

26. 求作建筑形体在立面和平面上的落影。

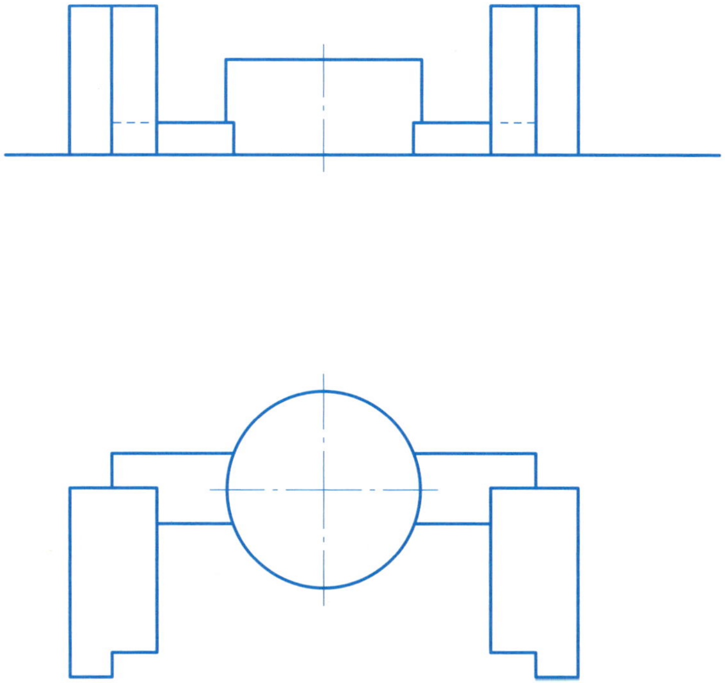

27. 求作柱头的阴影。

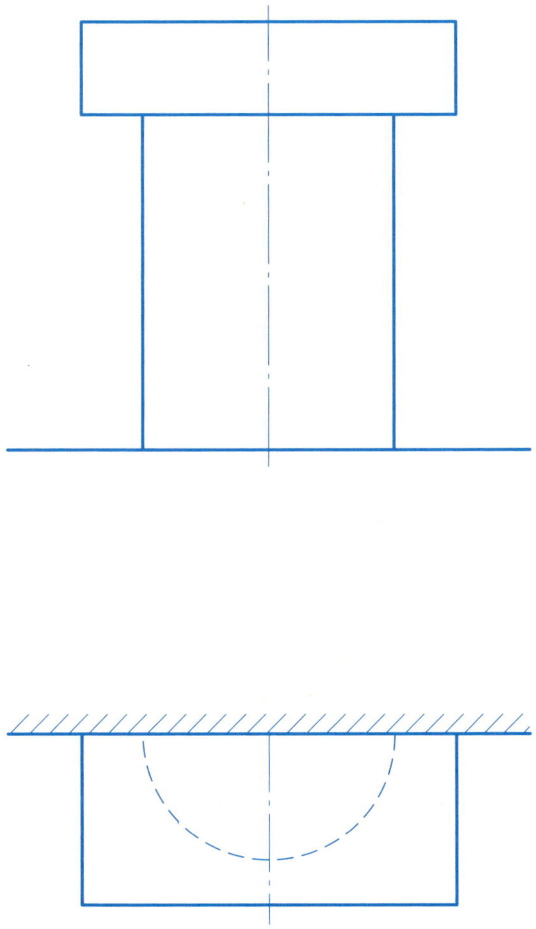

28. 求作柱头的阴影。

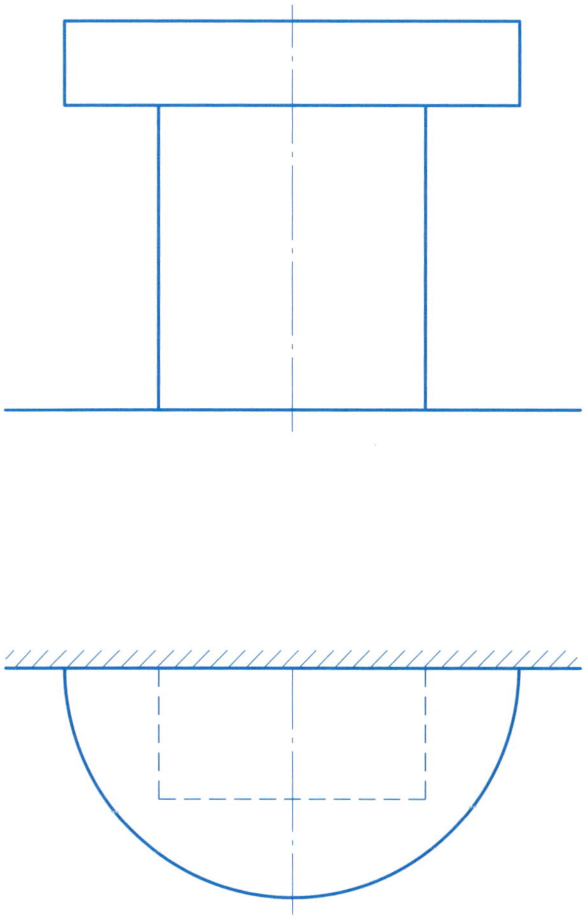

班级:________ 姓名:________ 学号:________

29. 求作建筑窗配件的阴影。

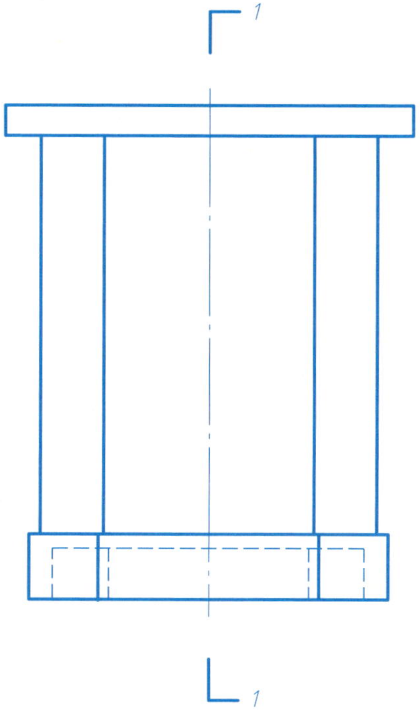

1—1剖面图

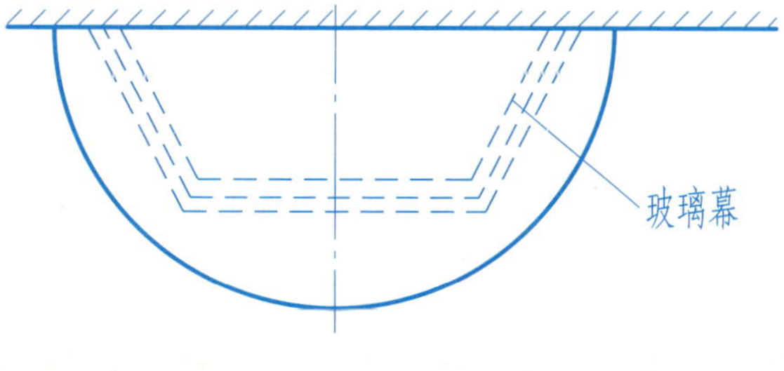

班级:________ 姓名:________ 学号:________

7.2 轴测图的阴影

1. 按设定的光线方向求作形体轴测图的阴影。

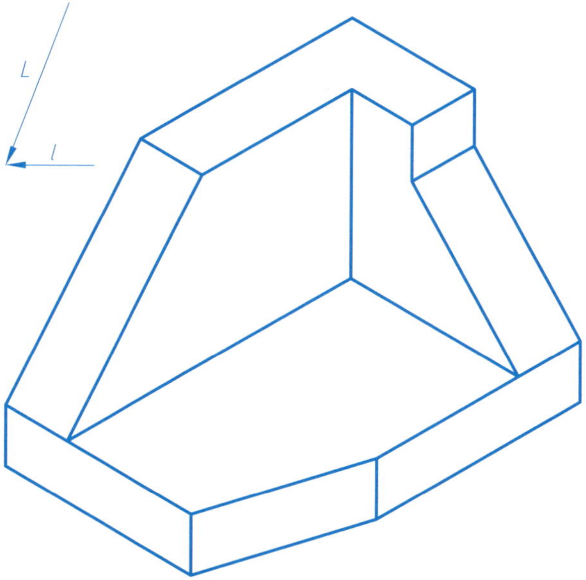

2. 按点A的落影A_0求作形体轴测图的阴影。

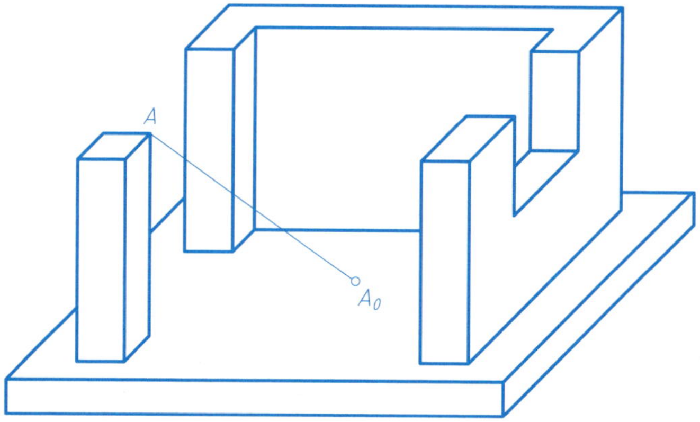

班级:________ 姓名:________ 学号:________

3. 按点A的落影A_0求作形体轴测图的阴影。

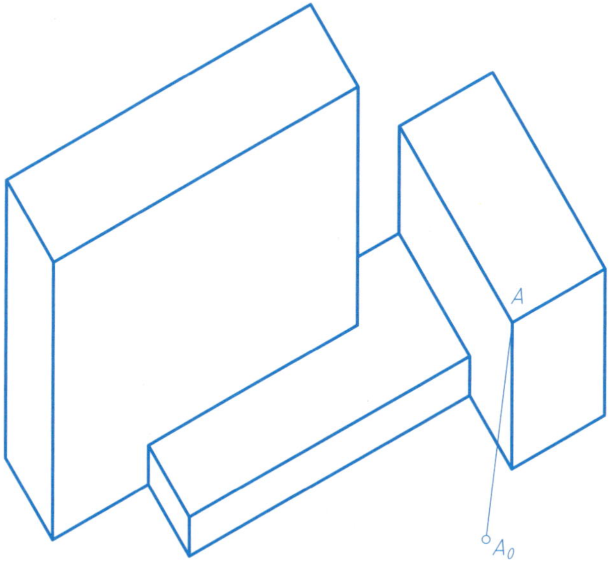

4. 按点A的落影A_0求作形体轴测图的阴影。

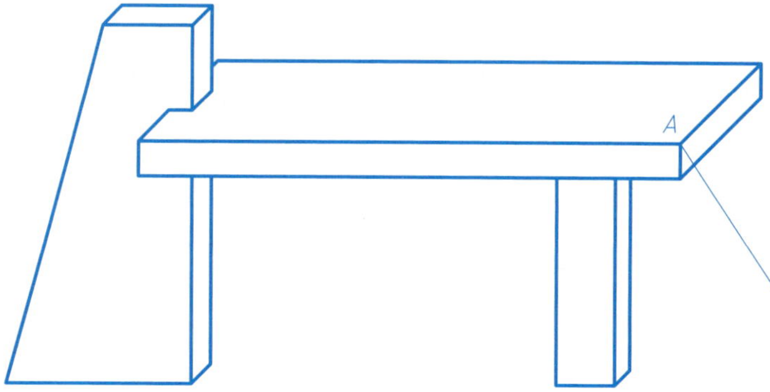

班级:________ 姓名:________ 学号:________

5. 按点A的落影A_0求作形体轴测图的阴影。

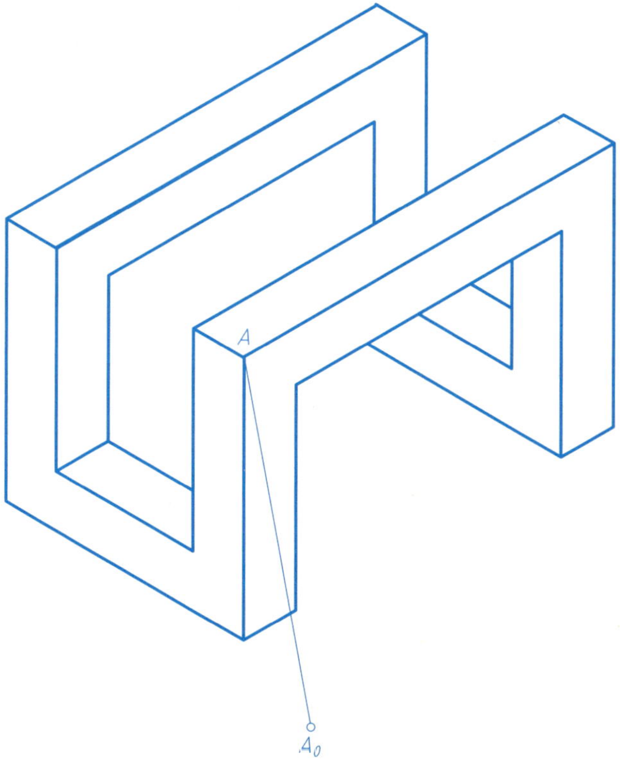

6. 按点A的落影A_0求作台阶轴测图的阴影。

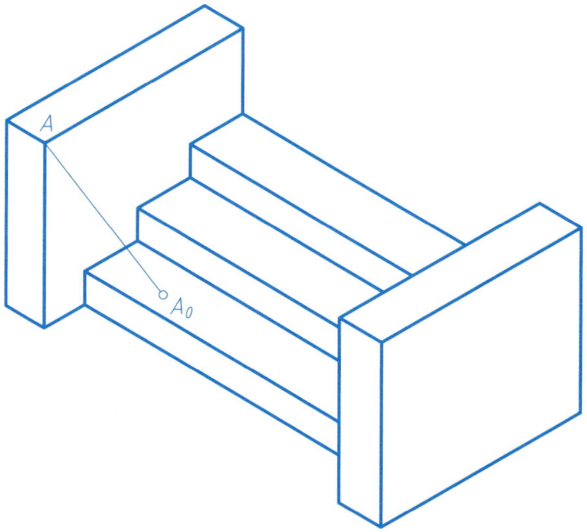

7.3 透视图的阴影

1. 按设定的光线方向，求作台阶的阴影。

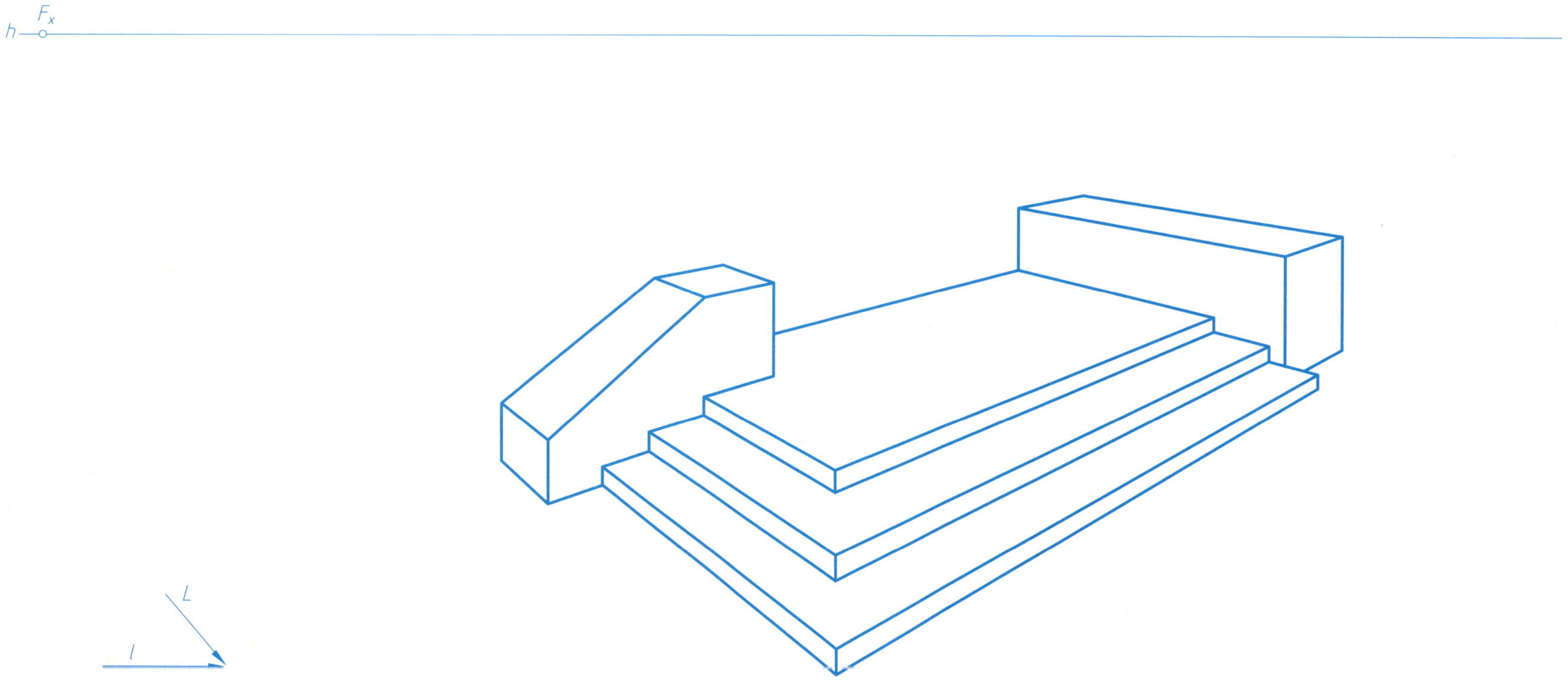

班级:________ 姓名:________ 学号:________

2. 按点A^0的落影A_0，求作建筑物的阴影。

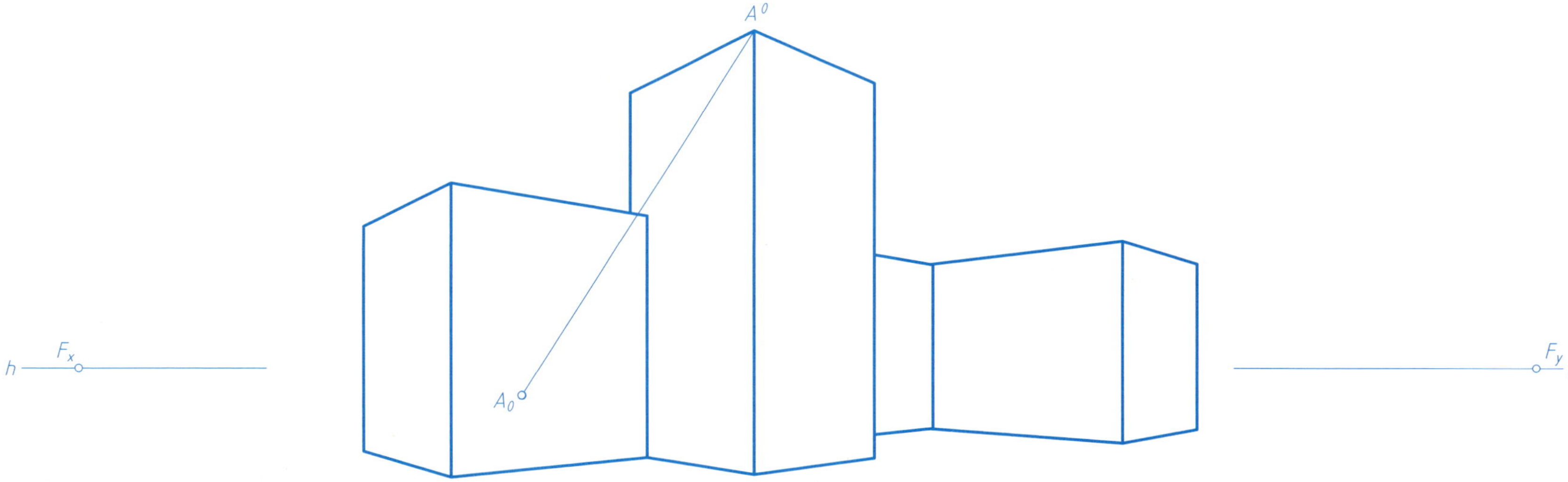

3. 按设定的光线方向，求作房屋的阴影。

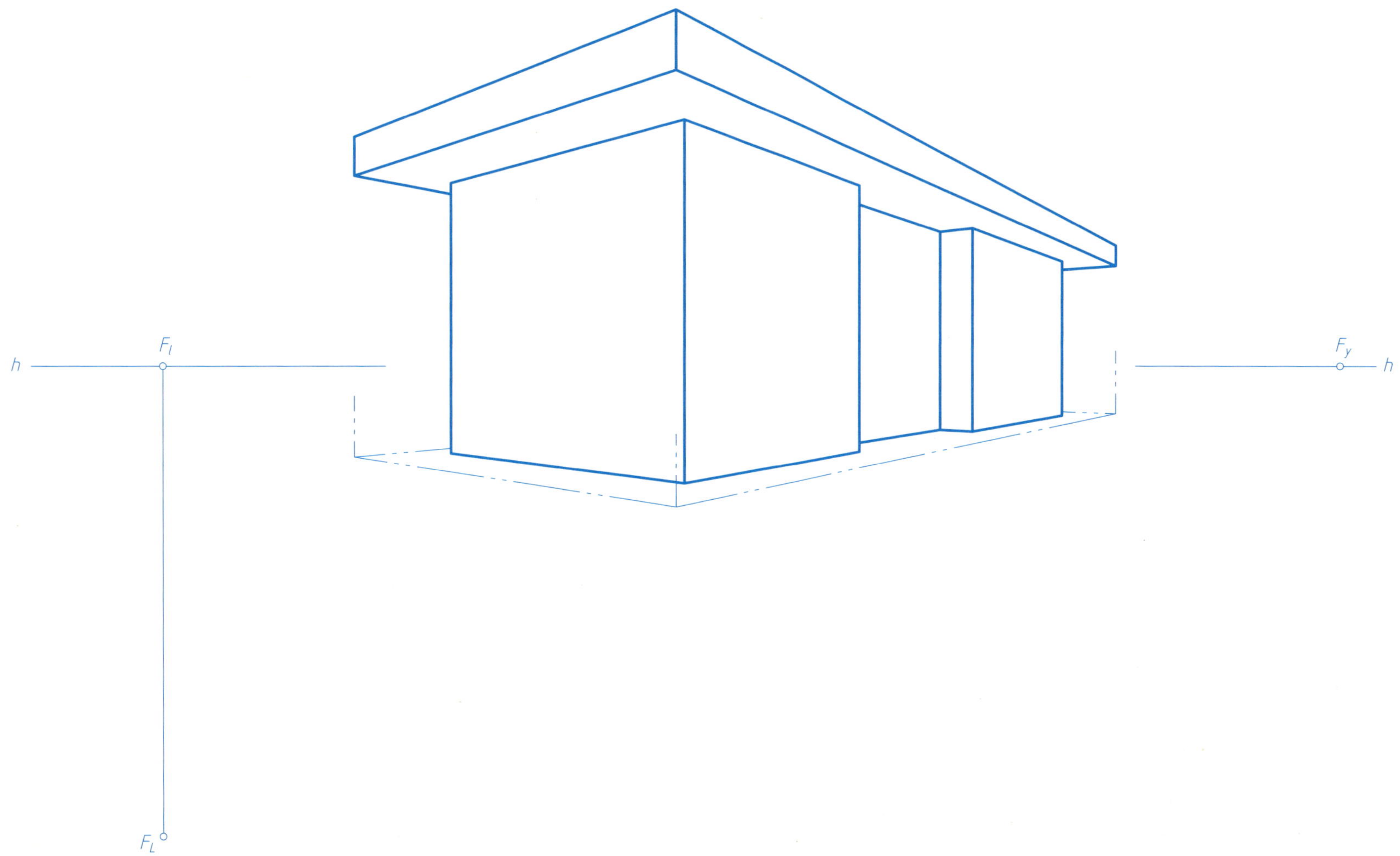

8.1　形体的基本视图

1. 根据建筑形体的轴测图，求作其六面视图，并标出图名。

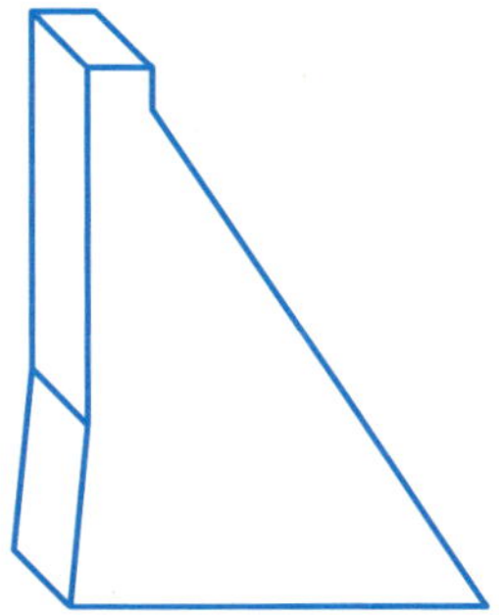

2. 根据房屋的轴测图，求作其平面图、正立面图、左侧立面图、右侧立面图、背立面图，并标出图名。

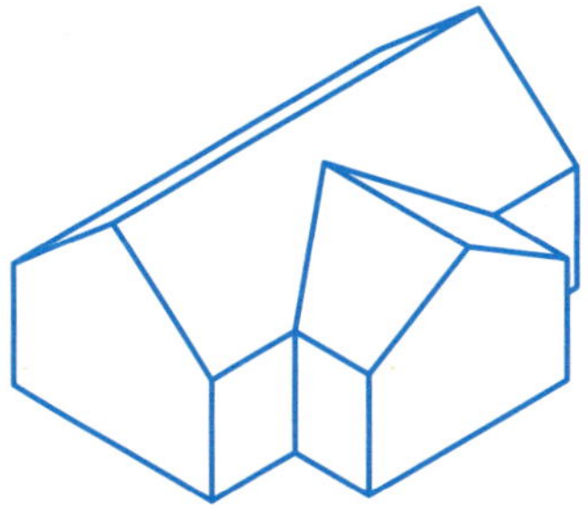

班级:________ 姓名:________ 学号:________

8.2 剖面图

1. 根据闸室的投影图和轴测图，求作1—1剖面图。（材料：钢筋混凝土）

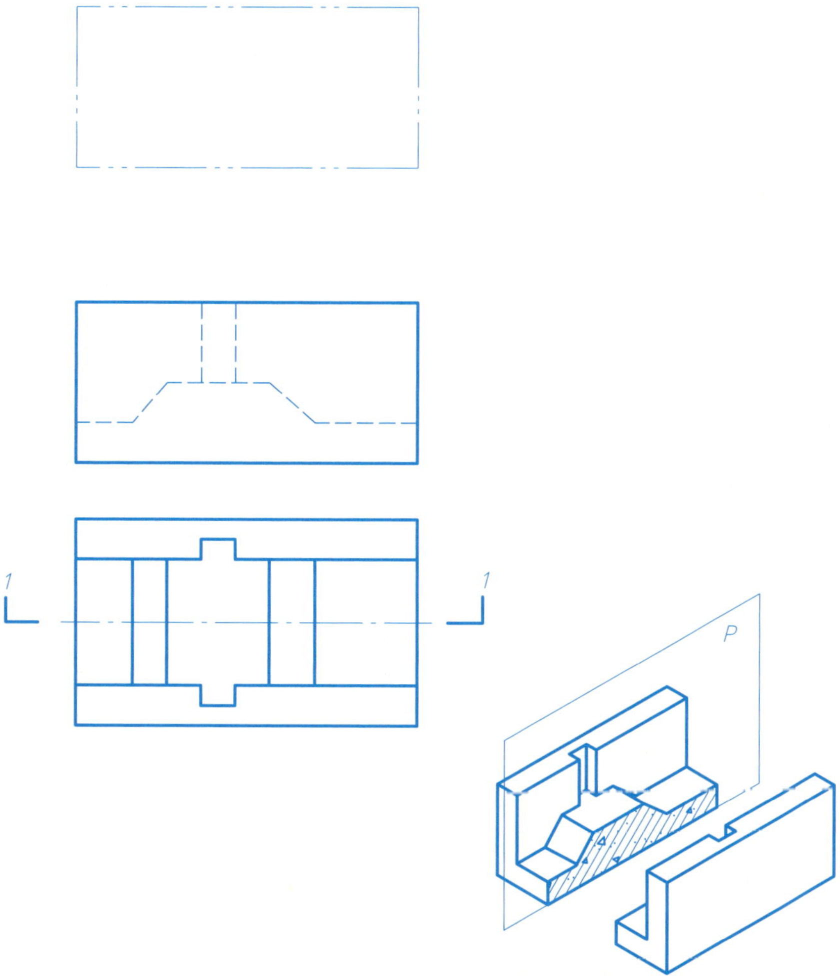

2. 根据形体的投影图和轴测图，求作1—1剖面图，2—2半剖面图。（材料：金属）

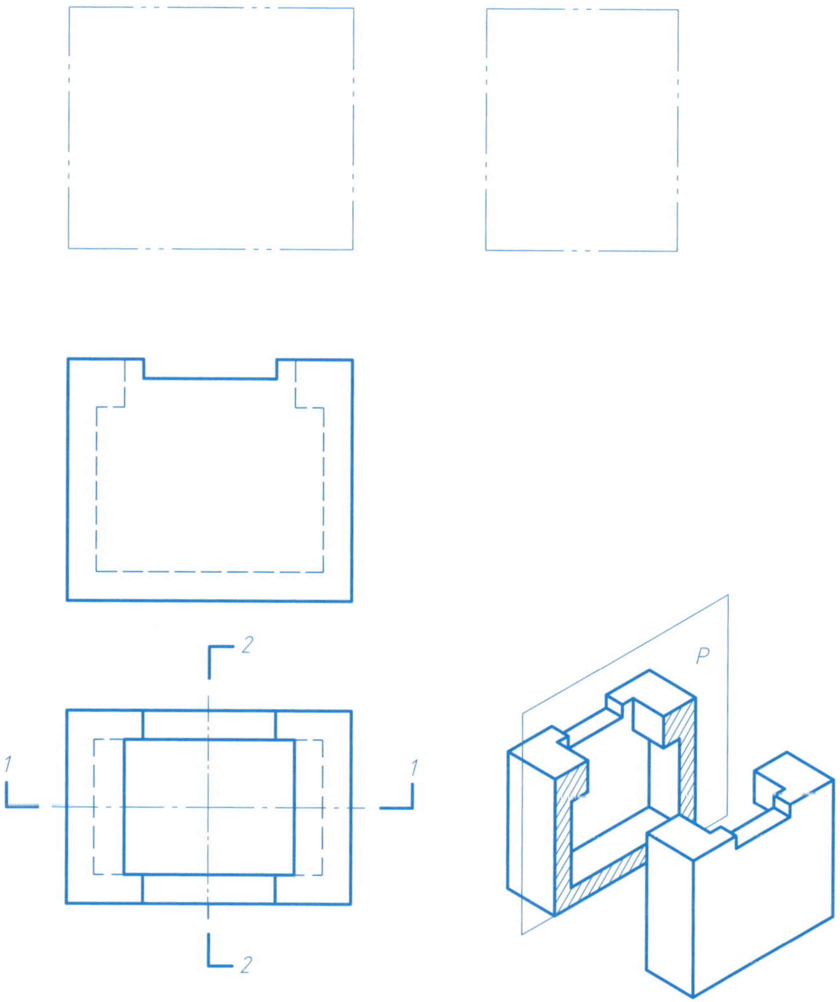

班级:________ 姓名:________ 学号:________

3. 根据形体的正面投影，求作A—A剖面图，并补画水平投影。（材料：混凝土）

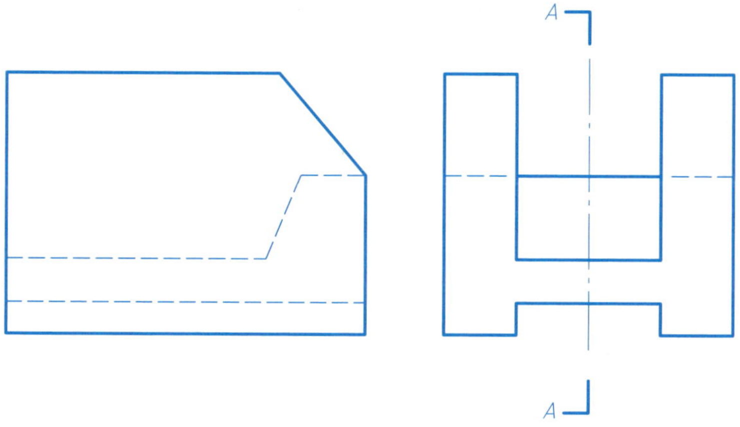

4. 求作堤头方块的B—B剖面图。（材料：混凝土）

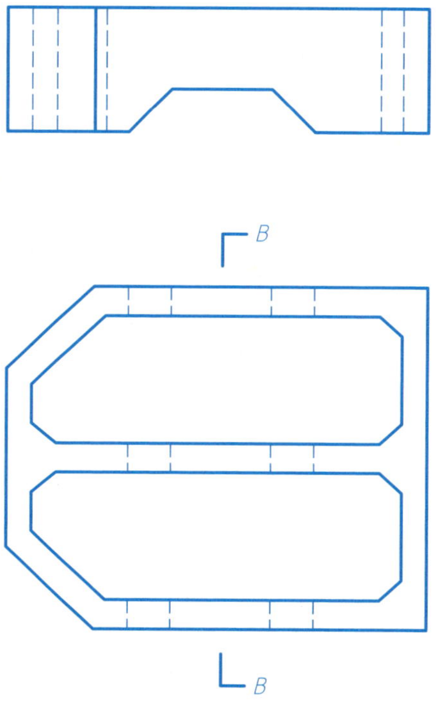

5. 求作预制钢筋混凝土闸框的A—A剖面图。

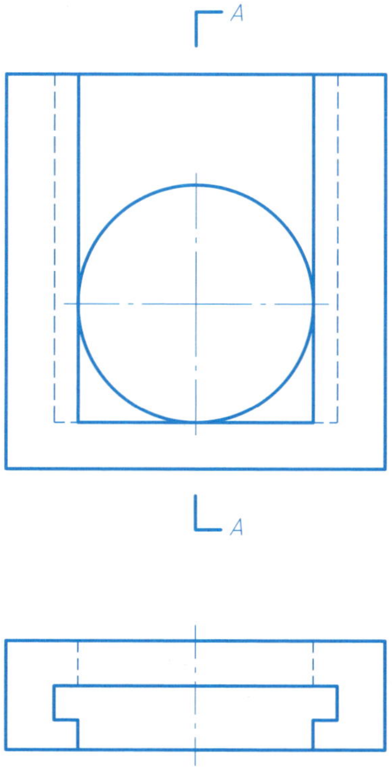

6. 求作A—A剖面图、B—B半剖面图。(采用通用材料图例)

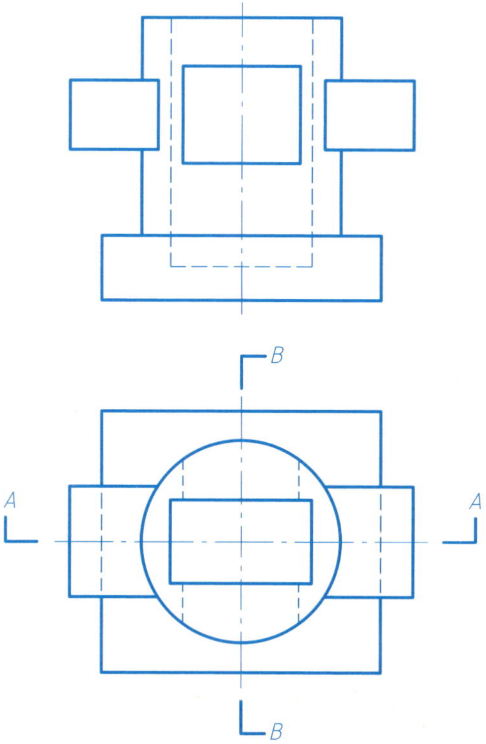

7. 求作倒圆锥柱基础的W面投影，并将V、W面投影改作成合适的剖面图。(材料：钢筋混凝土)

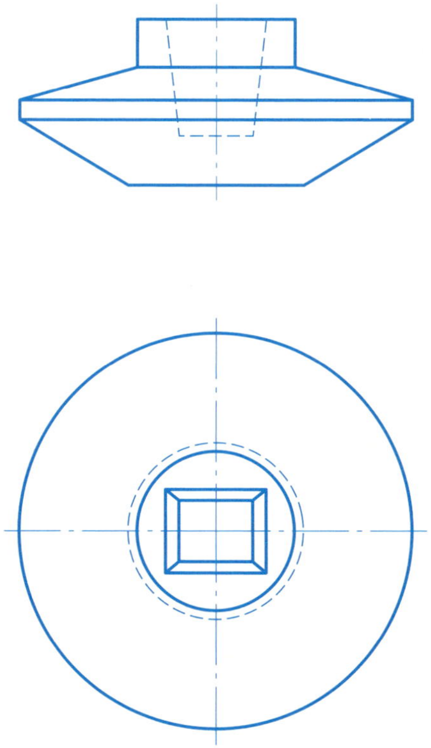

8. 求作建筑形体的A—A剖面图。(材料：混凝土)

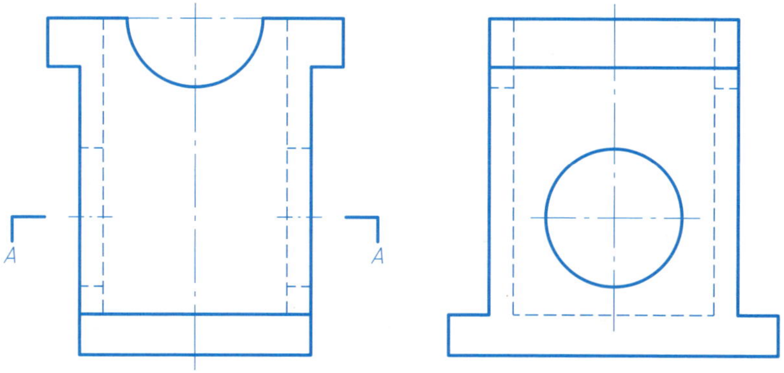

班级:________ 姓名:________ 学号:________

9. 求作外墙的2—2剖面图（雨篷伸出外墙面的宽度与最上一级台阶相同）。(材料：砖)

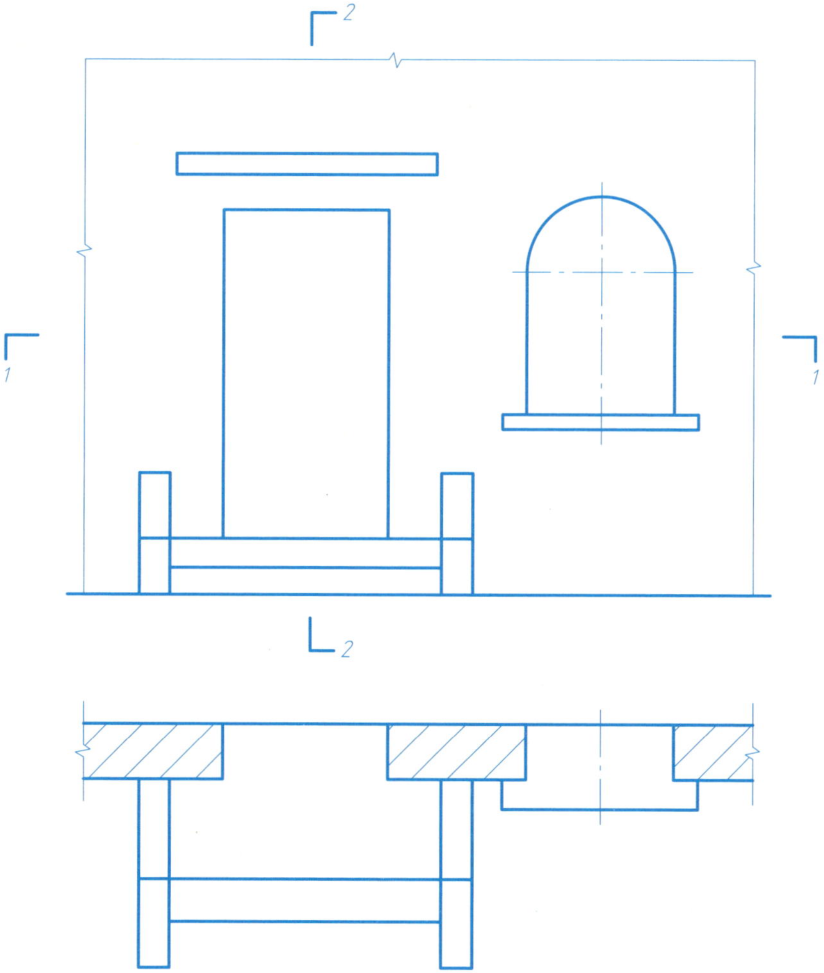

1—1 剖面图

班级：________ 姓名：________ 学号：________

10. 求作建筑形体的A—A阶梯剖面图。（材料：混凝土）

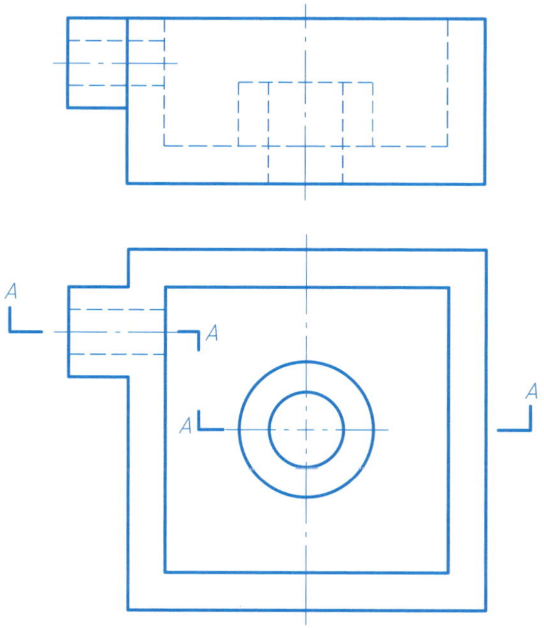

11. 求作A—A旋转剖面图。（材料：金属）

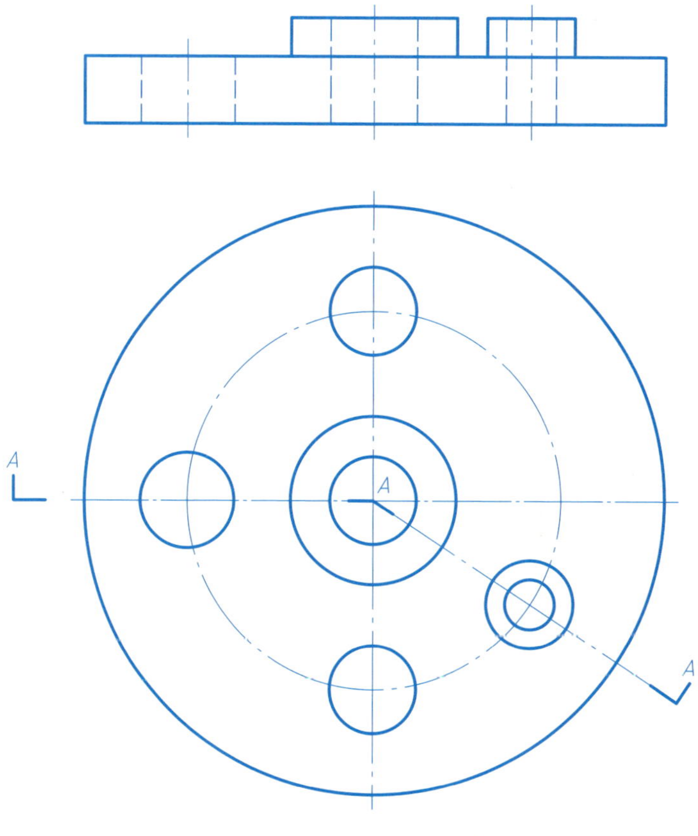

班级:________ 姓名:________ 学号:________

8.3 断面图

1. 求作楼梯平台梁的1—1、2—2、3—3断面图。（材料：钢筋混凝土）

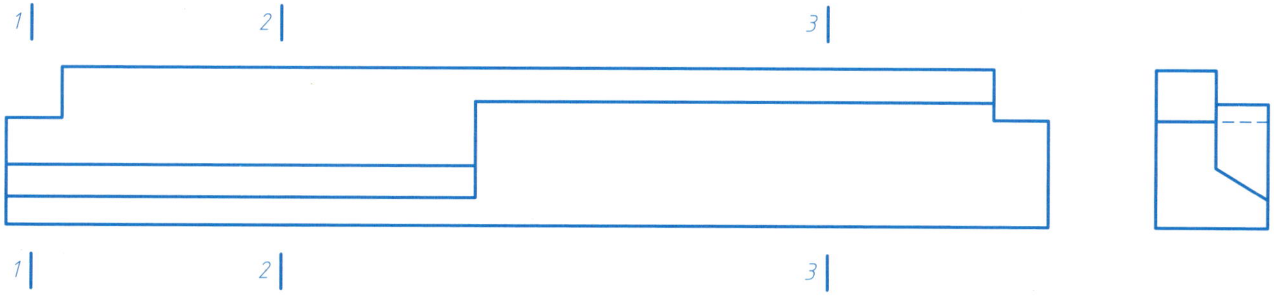

2. 求作板梁柱结构的1—1剖面图和2—2断面图。

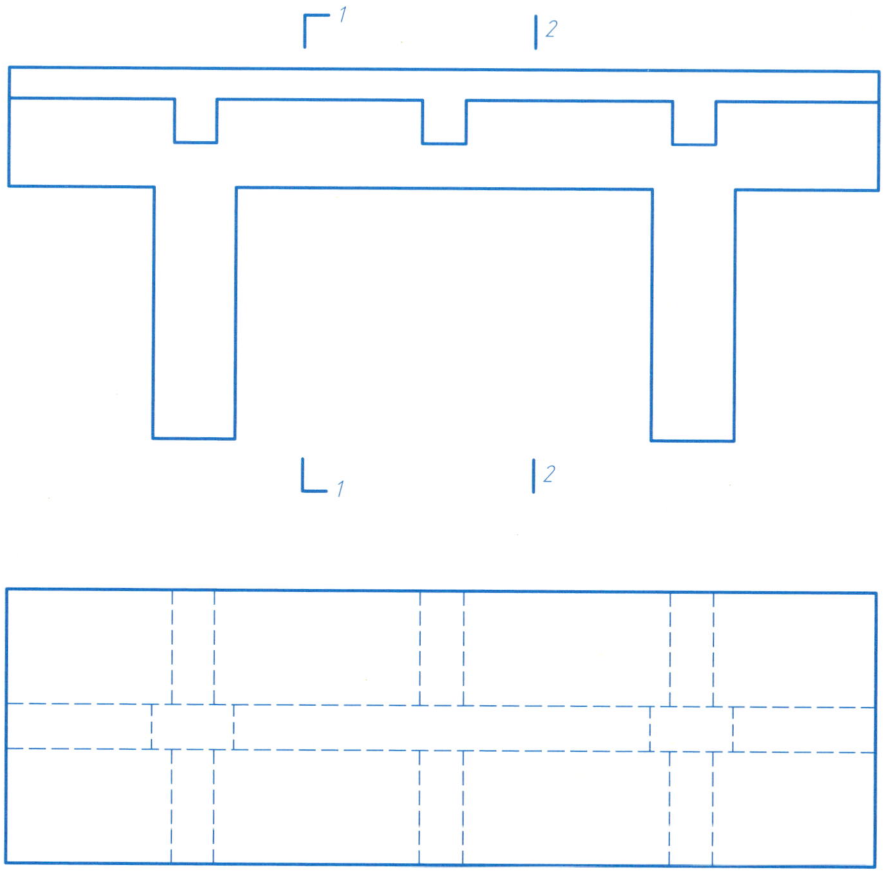

3. 求作A—A剖面图。(采用通用材料图例)

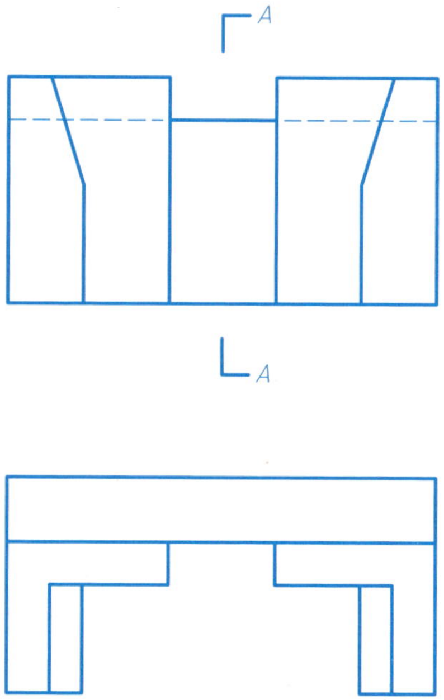

4. 求作A—A、B—B剖面图。(采用通用材料图例)

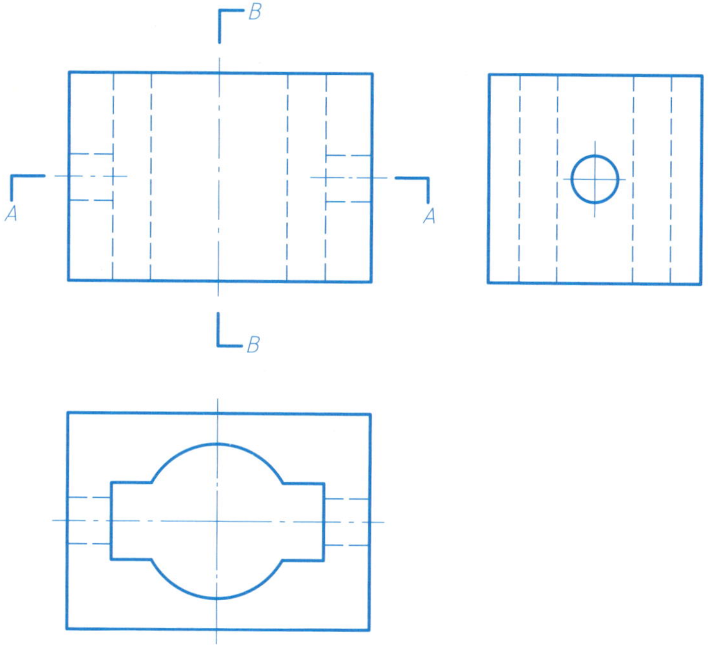

班级:________ 姓名:________ 学号:________

1. 填写平面图中的轴线编号，并标注尺寸。

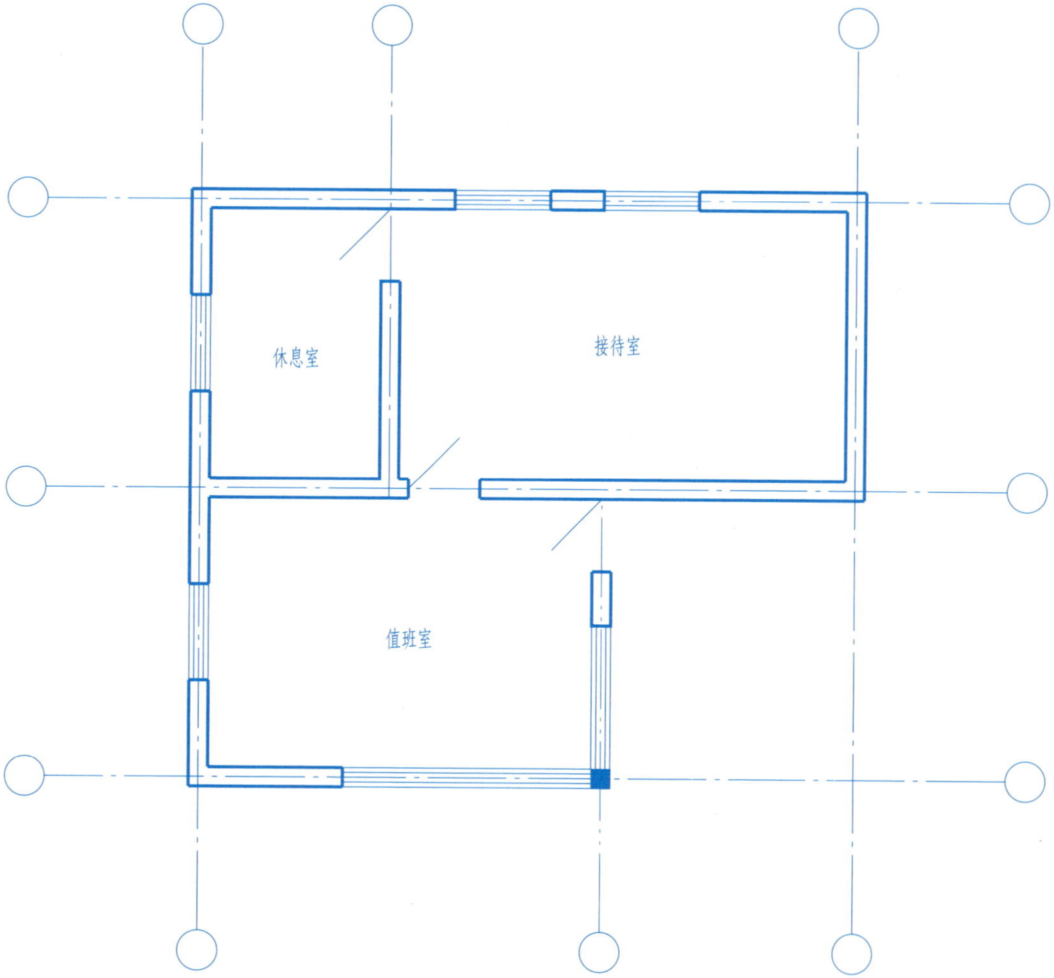

建筑平面图 1:100

班级:________ 姓名:________ 学号:________

2. 根据楼梯剖面图，完成二层楼梯平面图，要求尺寸、标高及标注完整。

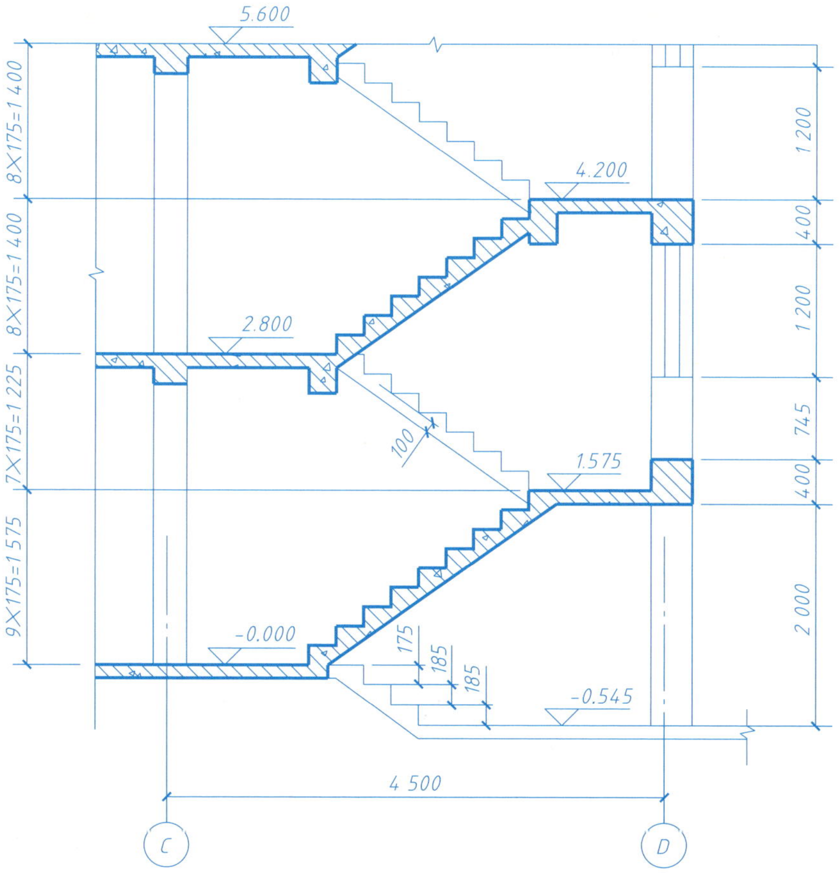

2—2剖面图 1:50

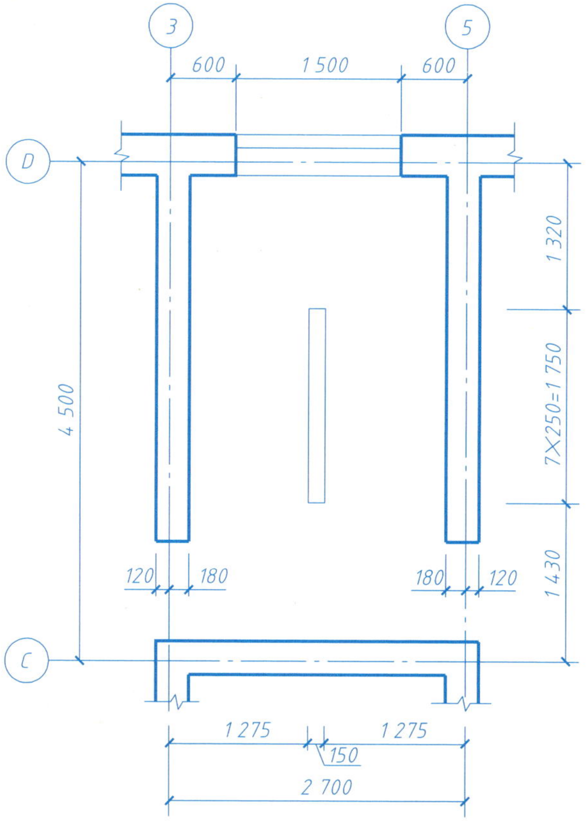

二层楼梯平面图 1:50

3. 读懂配套教材第9章 建筑施工图中的所有图纸，用1∶100的比例分别在A3图纸上画出图9.3.1 A5一层平面图、图9.4.1 ①~⑰立面图、图9.5.1 *1—1*剖面图、图9.6.3 楼梯详图。或将上述平、立、剖面图画在一张图纸上，图纸幅面自定。

4. 根据配套教材第9章 建筑施工图中的图纸查阅文献资料，进行创新设计，完成建筑施工图平、立、剖、详图的设计。

10.1 钢筋混凝土结构图

1. 根据钢筋混凝土梁的立面图和钢筋详图，作出1—1、2—2断面图，并标注钢筋的种类、直径、数量及编号 。

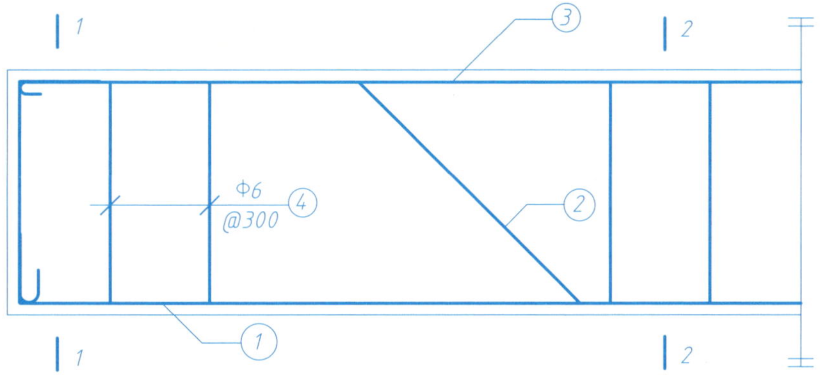

1—1

2—2

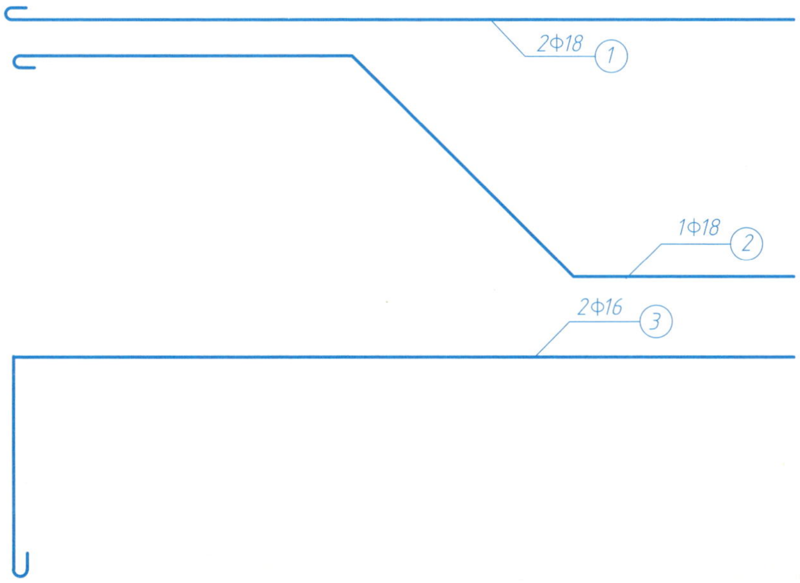

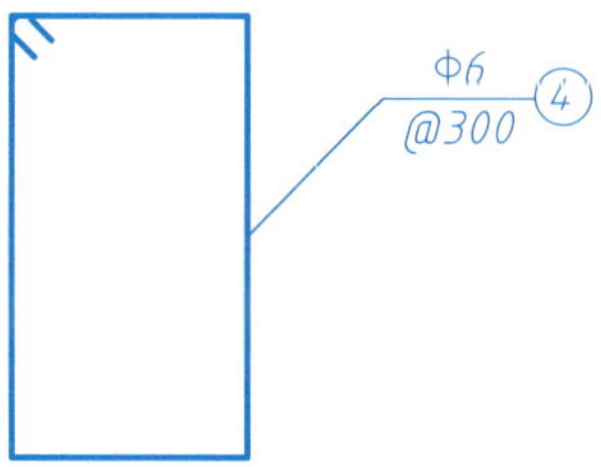

2. 读懂配套教材第10章中图10.2.4。在A2幅面的图纸上，用1：20的比例画出钢筋混凝土T形梁的配筋图，并补画3—3断面图。

3. 将配套教材第10章中图10.2.4钢筋混凝土T形梁配筋图，改成平法标注方式。

班级：________ 姓名：________ 学号：________

4. 阅读某库房一层柱平面布置图。

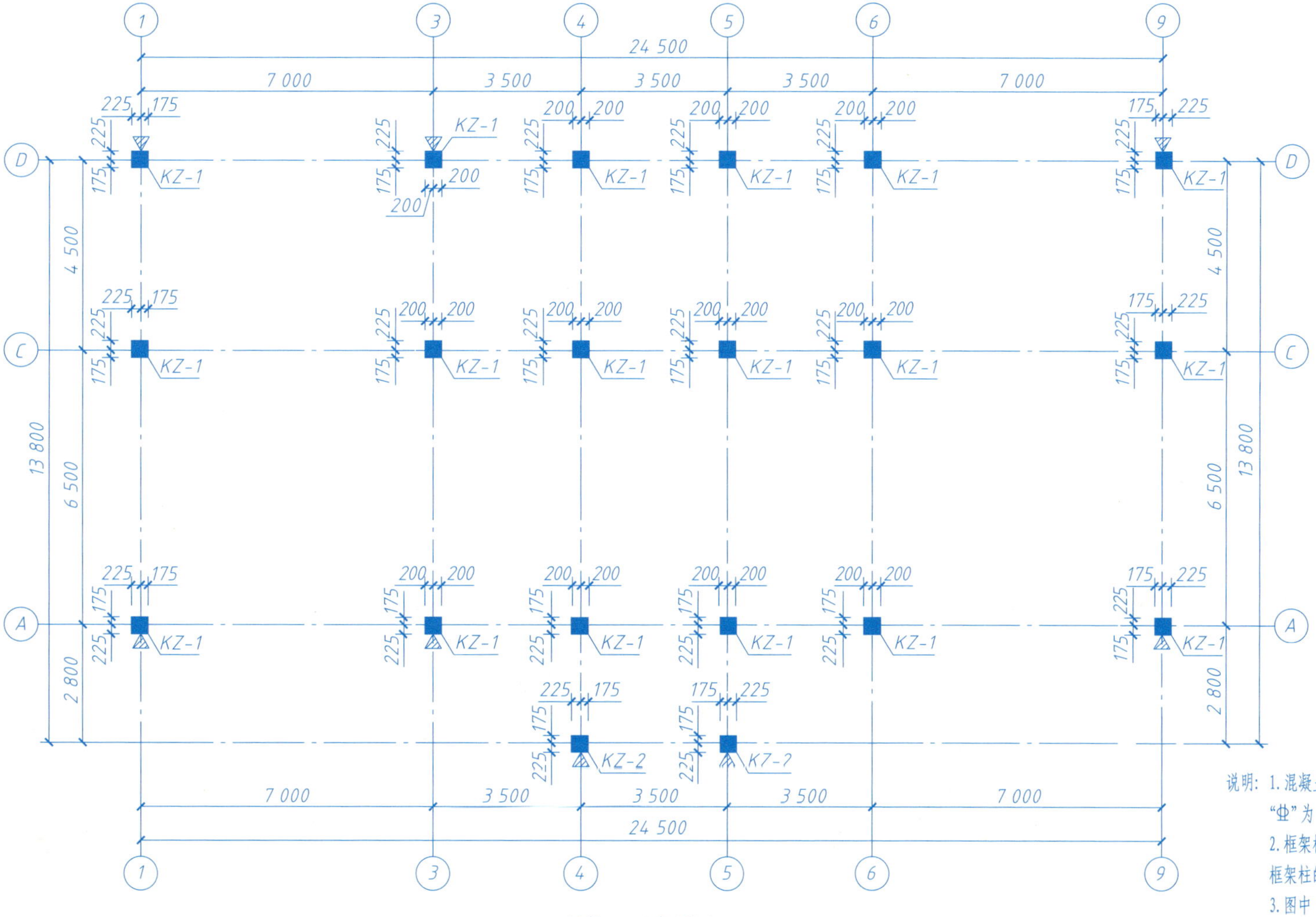

一层柱平面布置图 1:100

截面详图	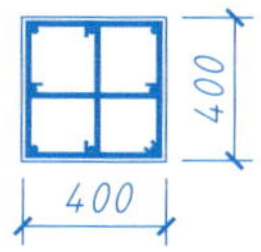
截面编号	KZ-1
标高	基础面~7.200
纵筋	4⌀18(角筋)+4⌀16
箍筋及拉筋	⌀8@100/200
截面详图	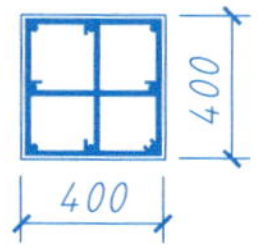
截面编号	KZ-2
标高	基础面~3.600
纵筋	4⌀18(角筋)+4⌀16
箍筋及拉筋	⌀8@100/200

说明：1. 混凝土强度等级为C30，"Φ"为HPB300，"⌀"为HRB400。

2. 框架柱的配筋构造详见图集《22G101-1》，框架柱的抗震等级为三级。

3. 图中"△"为底层设置的沉降观测点。

4. 标高-0.450至基础面柱箍筋加密。

班级:________ 姓名:________ 学号:________

5. 阅读某库房二层梁配筋图。

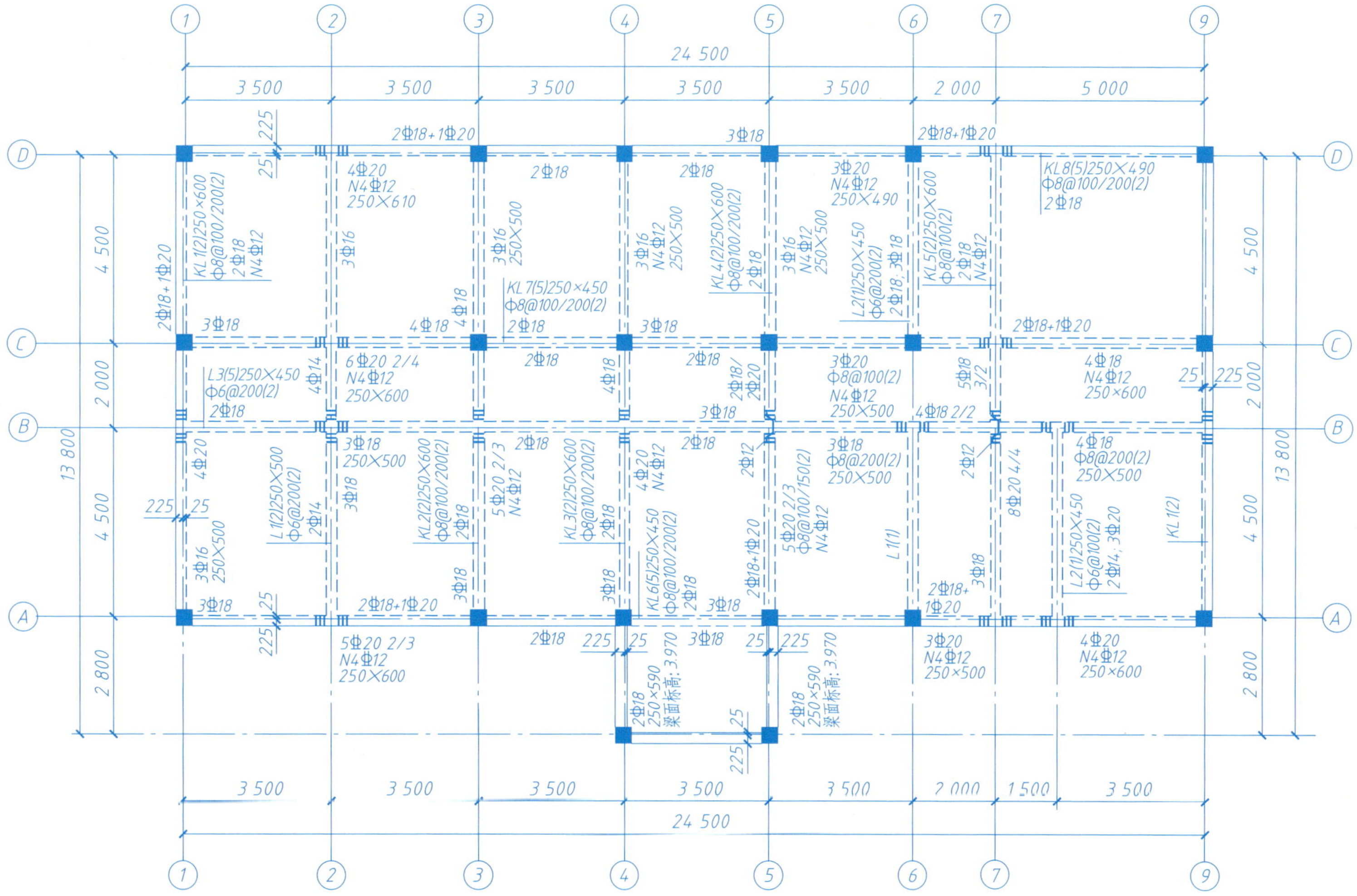

二层梁配筋平面图 1:100

班级:________ 姓名:________ 学号:________

10.2 钢结构图

1. 读懂焊接图及焊缝符号的标注，并回答下列问题。

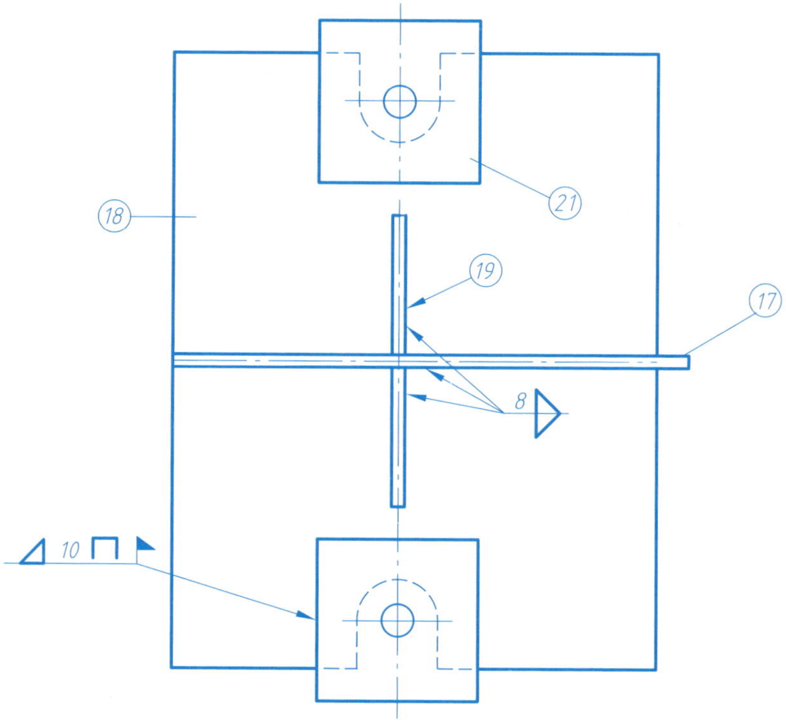

(1) 符号  表示什么?

(2) 符号  中的8表示什么?

(3) 指出图中标注的符号  所表示的含义。

班级:________ 姓名:________ 学号:________

2. 阅读配套教材第10章中图10.5.20钢屋架结构施工图。把组成钢屋架的杆件、节点板、底板和缀板的型钢断面尺寸及数量填写在下表内。

杆件名称	断 面	数 量
上弦杆①		
下弦杆②		
竖 杆③		
斜 杆④		
斜 杆⑤		
竖 杆⑥		
节点板⑯		
节点板⑰		
底 板⑱		
缀 板㉜		

班级:________ 姓名:________ 学号:________

3. 根据配套教材第10章中图10.5.24支座节点详图、图10.5.25下弦杆跨中节点详图:

(1)在A3幅面的图纸上，以1:5的比例分别绘制图10.5.24支座节点详图和图10.5.25下弦杆跨中节点详图，并补画节点的侧面投影。

(2)标注焊缝代号、图形符号和尺寸等。

班级:________ 姓名:________ 学号:________

10.3 基础图

1. 阅读某库房基础结构及基础梁平面图。

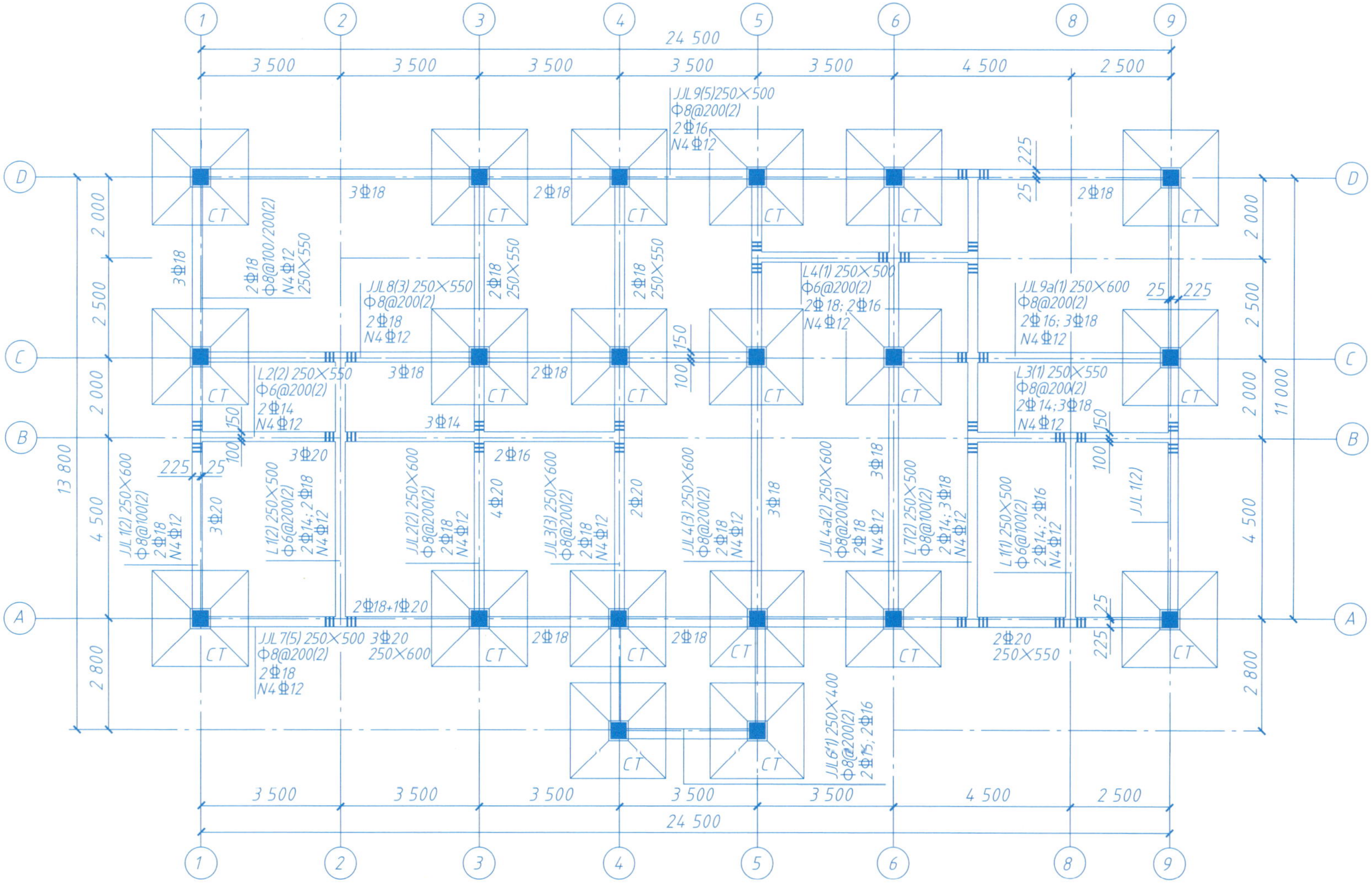

基础结构及基础梁平面图 1:100

2. 阅读某库房基础详图。

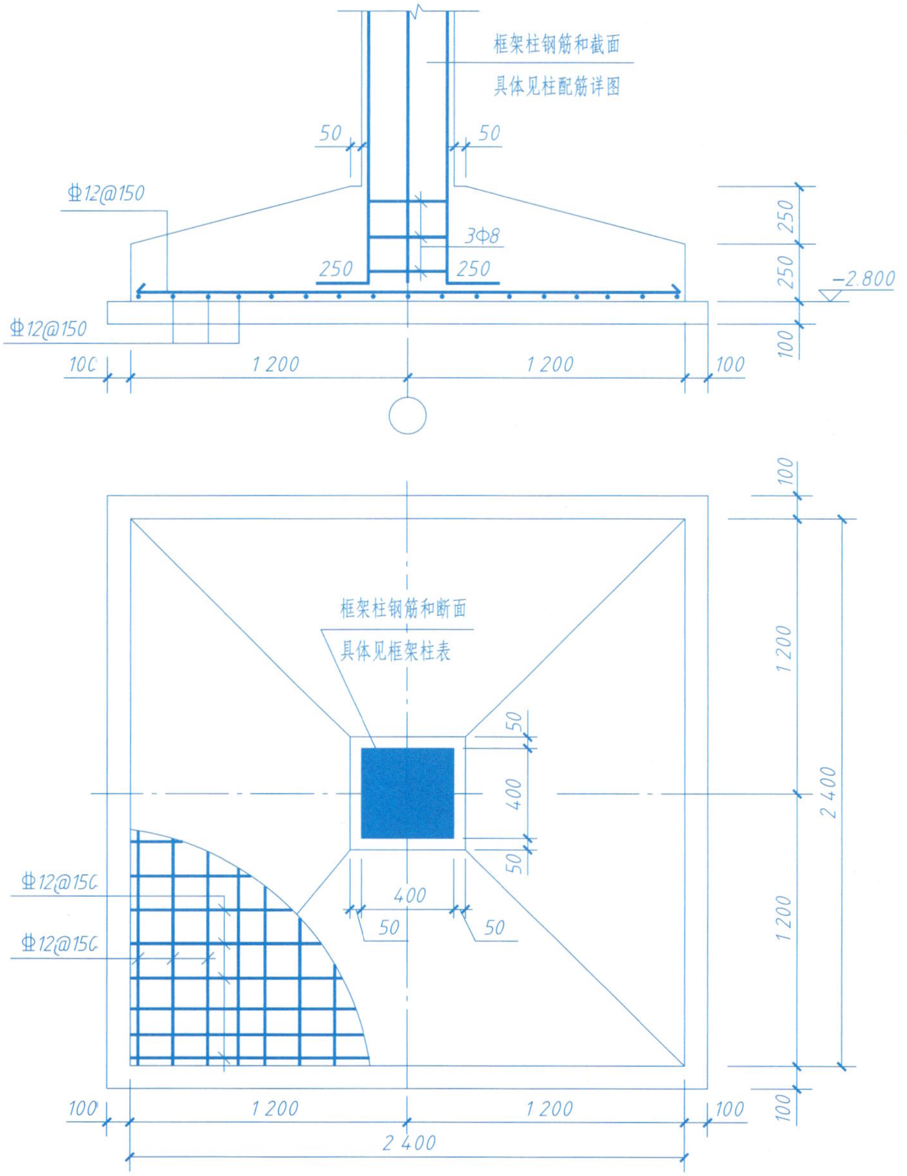

CT 1:20

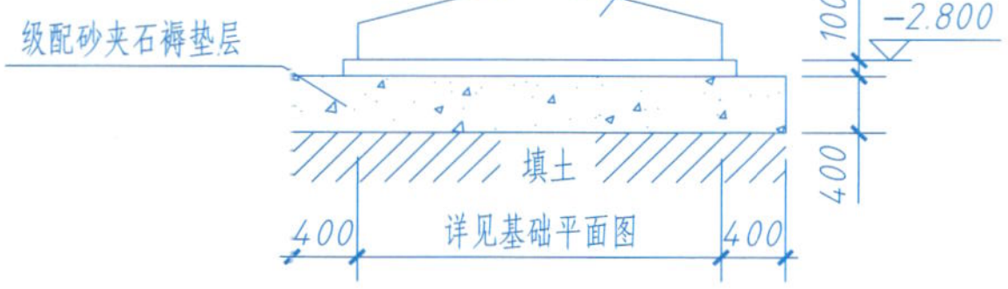

独立基础下砂夹石垫层示意图

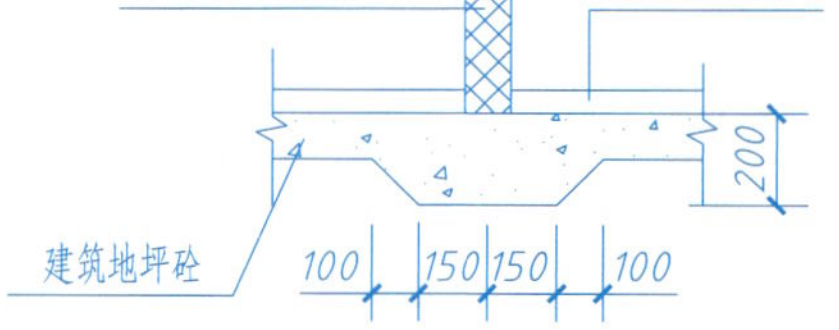

底层100厚填充墙基础剖面示意图

班级:________ 姓名:________ 学号:________

1. 阅读某办公楼给水平面图与系统图(只给出了一个系统)。

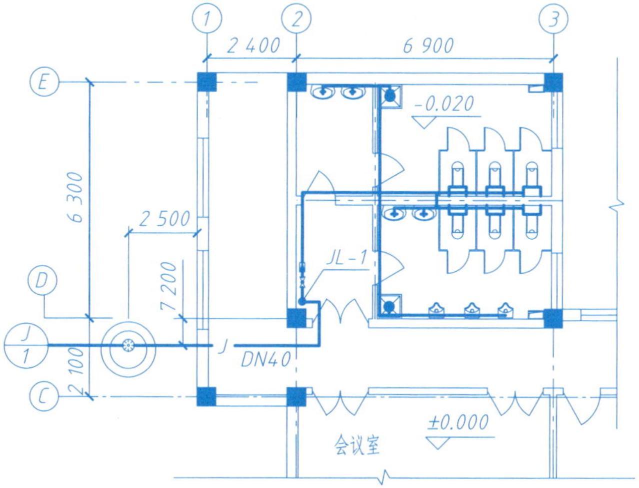

一层给水平面图 1:100

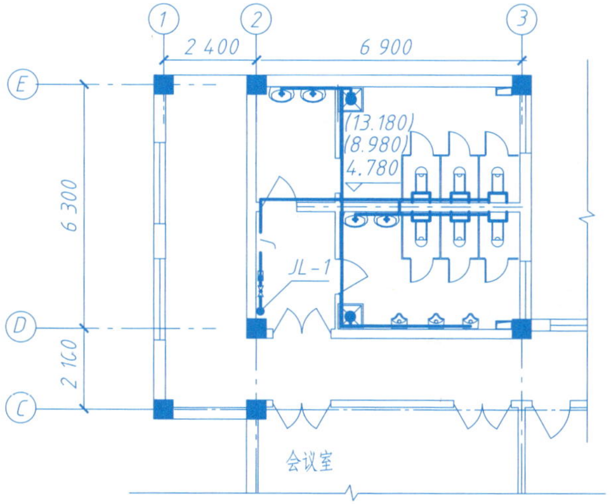

二~四层给水平面图 1:100

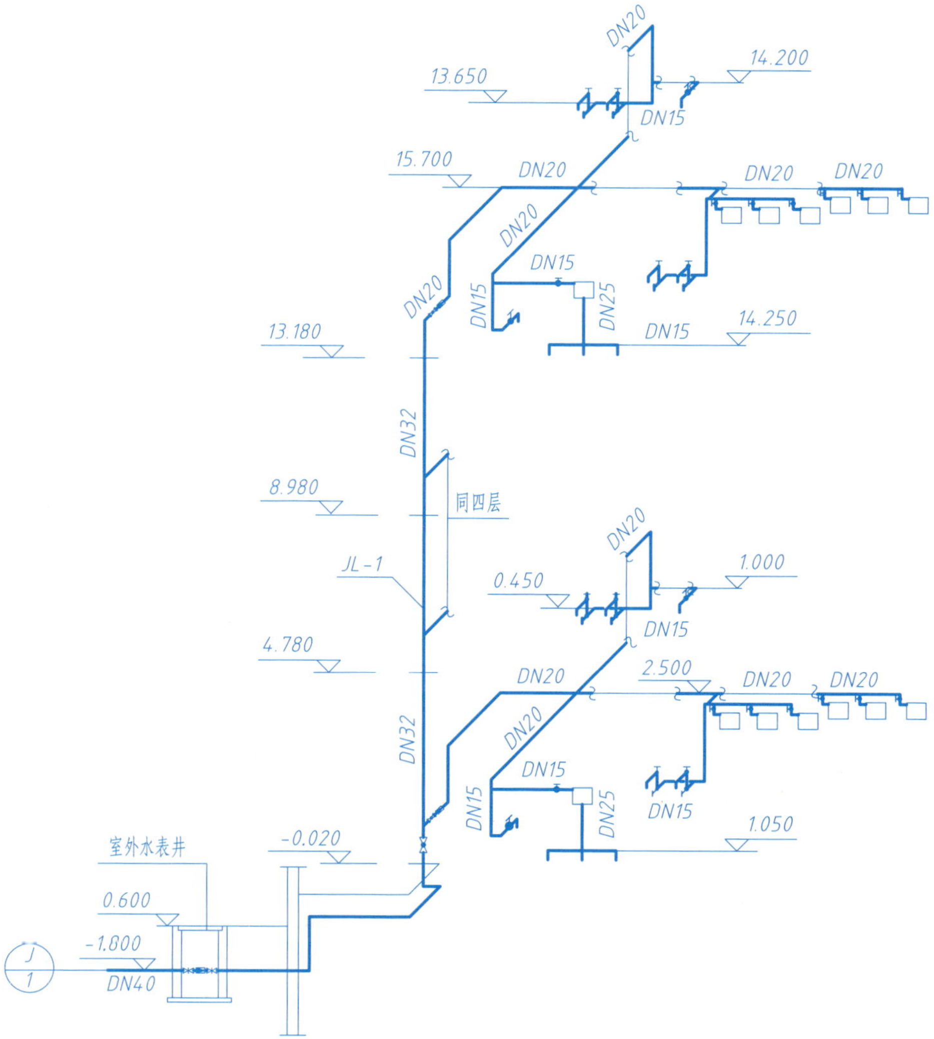

Q=1.770 L/S
P=0.220MPa

给水系统图 1:100

班级:________ 姓名:________ 学号:________

2. 阅读某办公楼排水平面图。

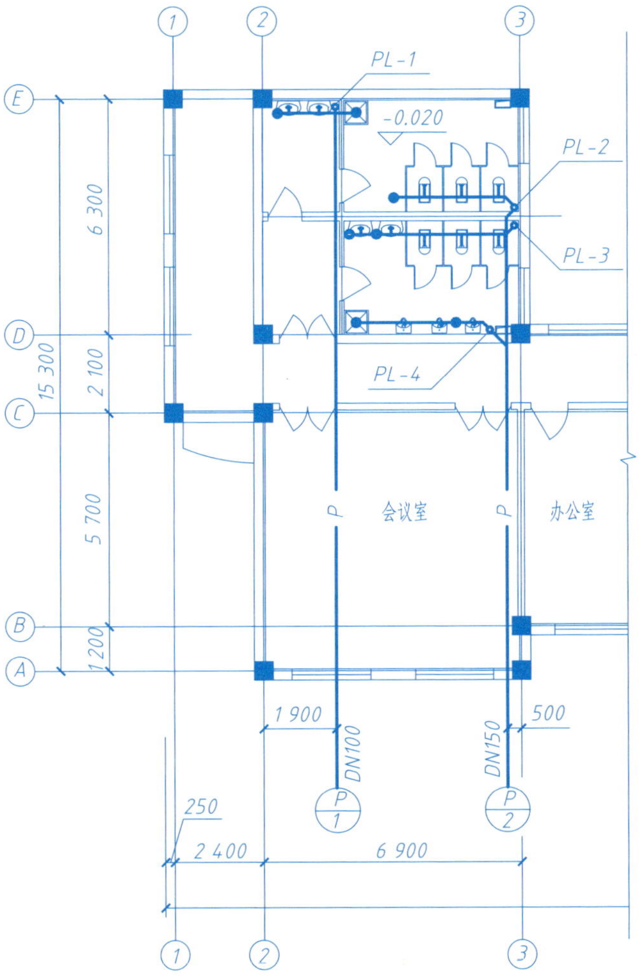

一层排水平面图 1:100

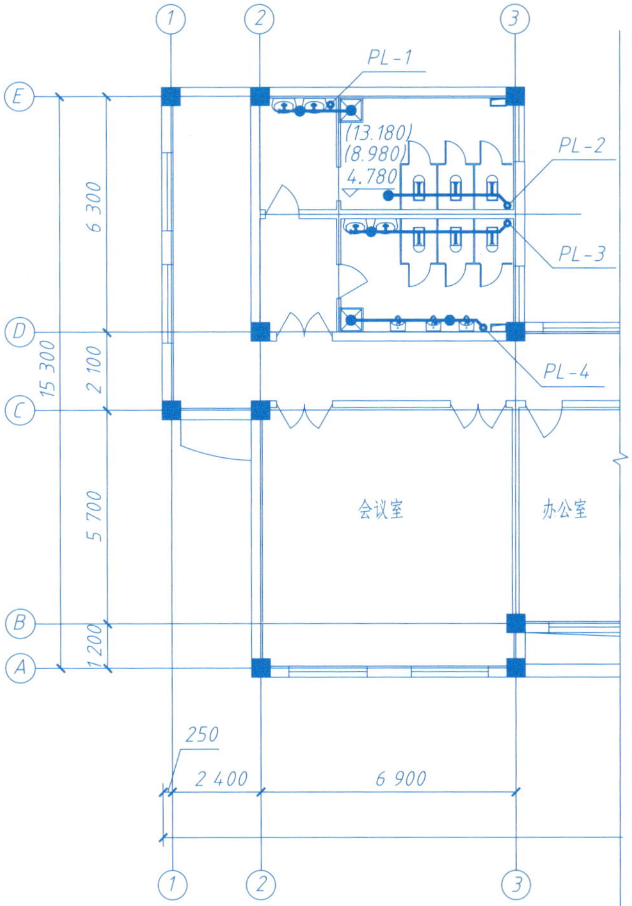

二~四层排水平面图 1:100

3. 阅读某办公楼排水系统图。

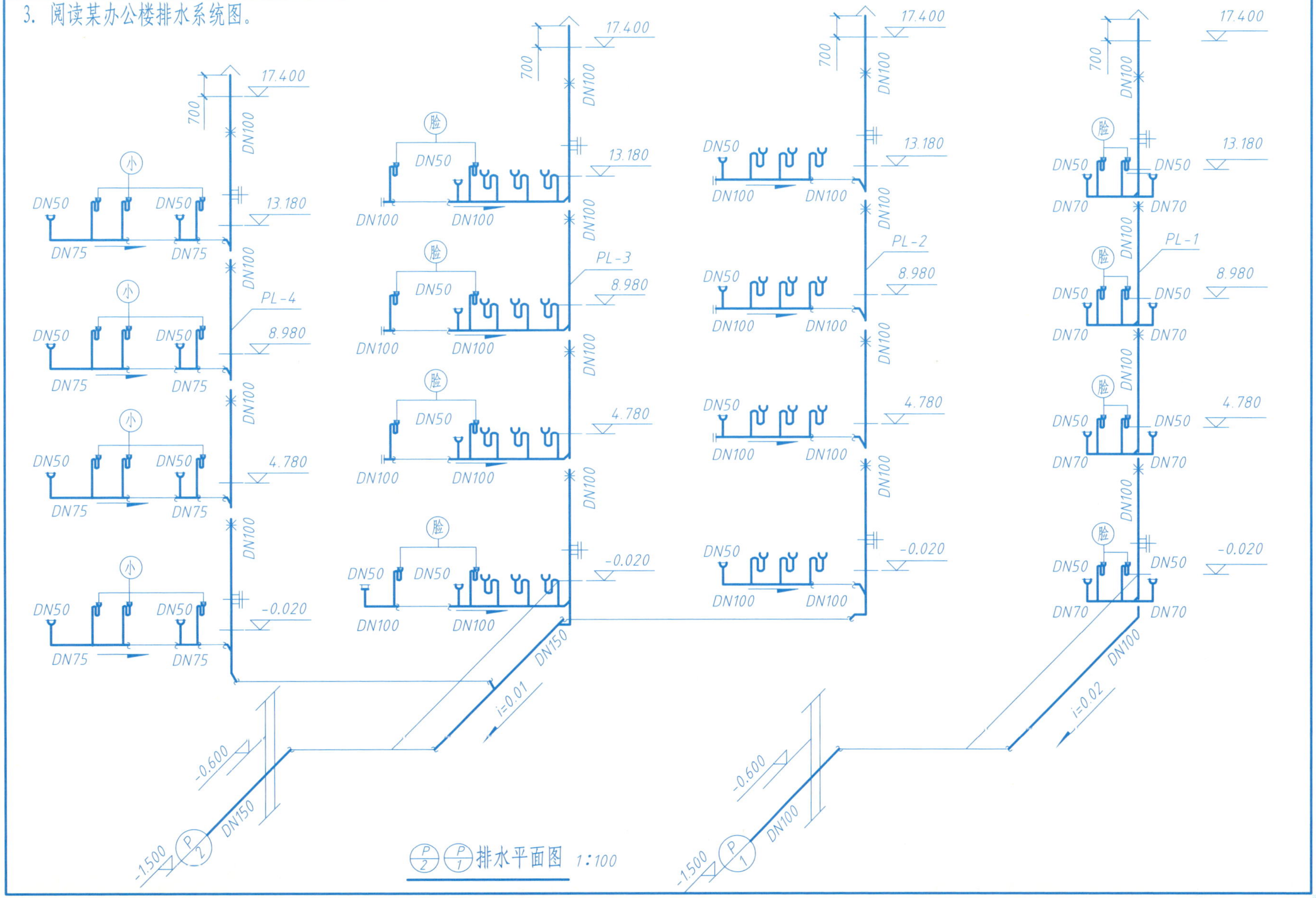

12.1　桥梁总体布置图

1. 阅读连续桥总体布置图。

桥梁立面图 1:100

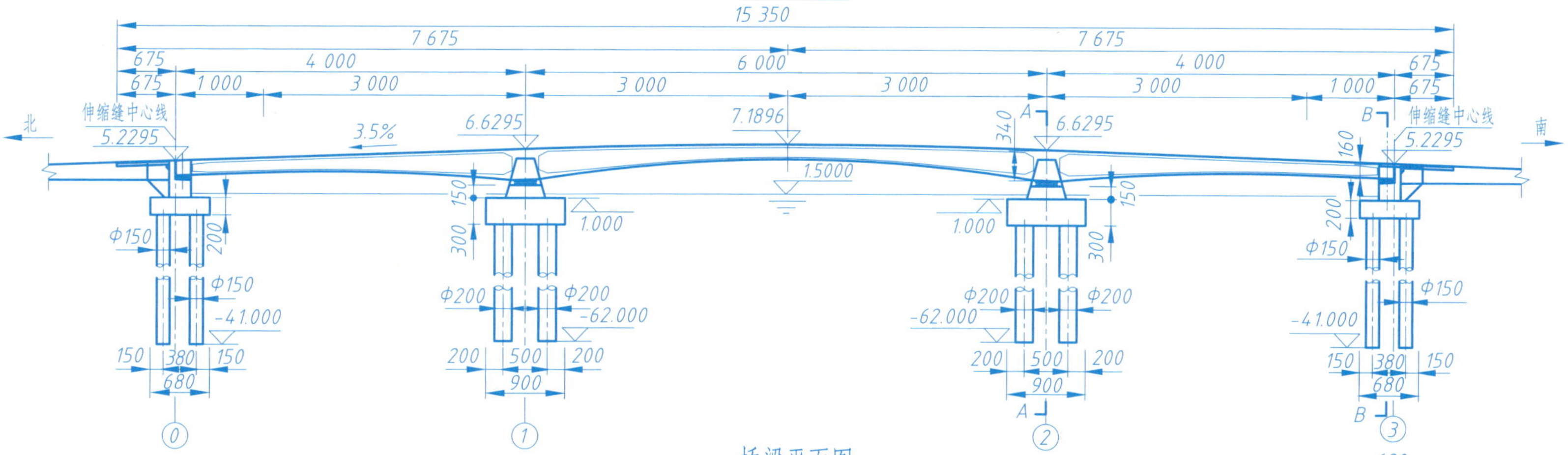

桥梁平面图 1:100

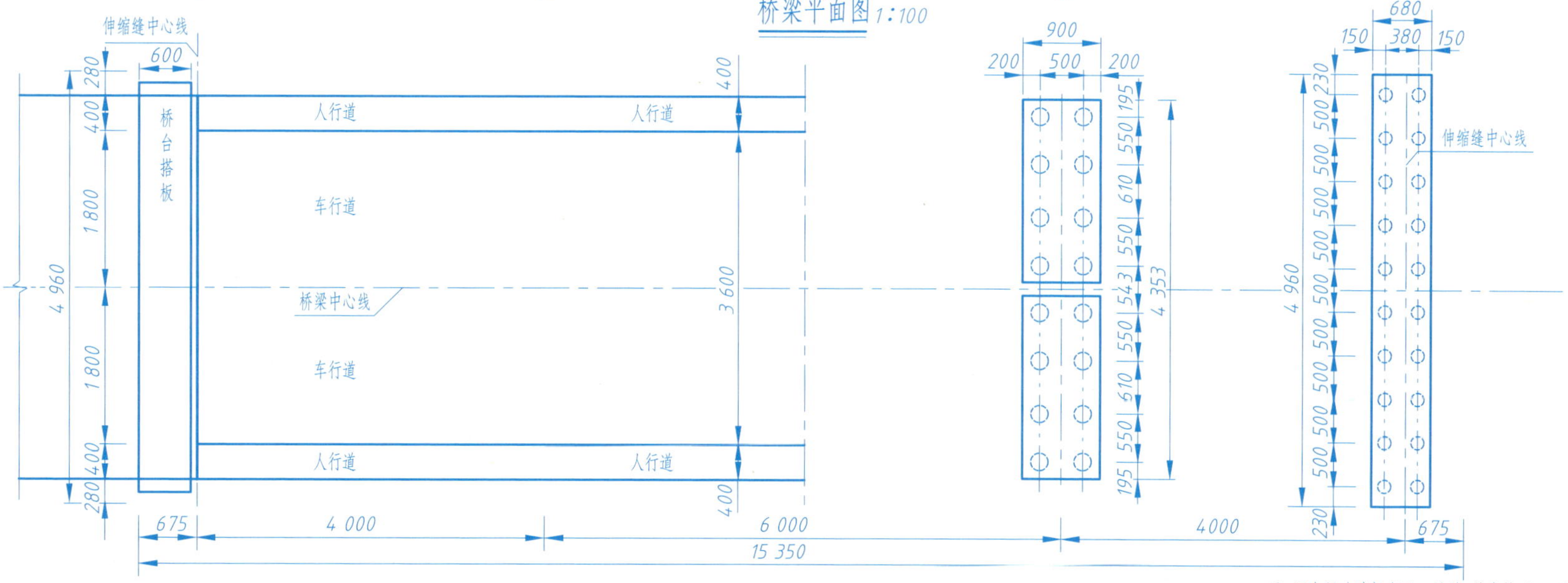

注:图中尺寸除标高以m计外,其余均以cm计。

班级:________ 姓名:________ 学号:________

2. 阅读梁的剖面图。

A—A 桥墩位置桥梁剖面图 1:50

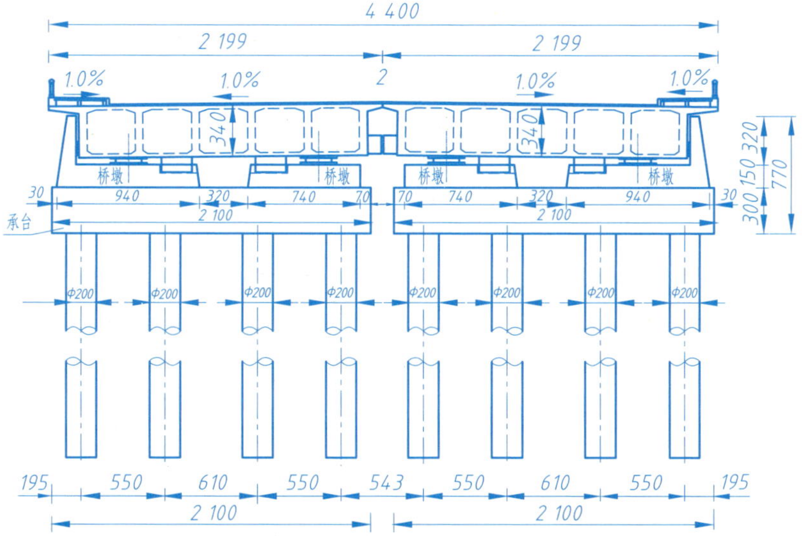

B—B 桥台位置桥梁剖面图 1:50

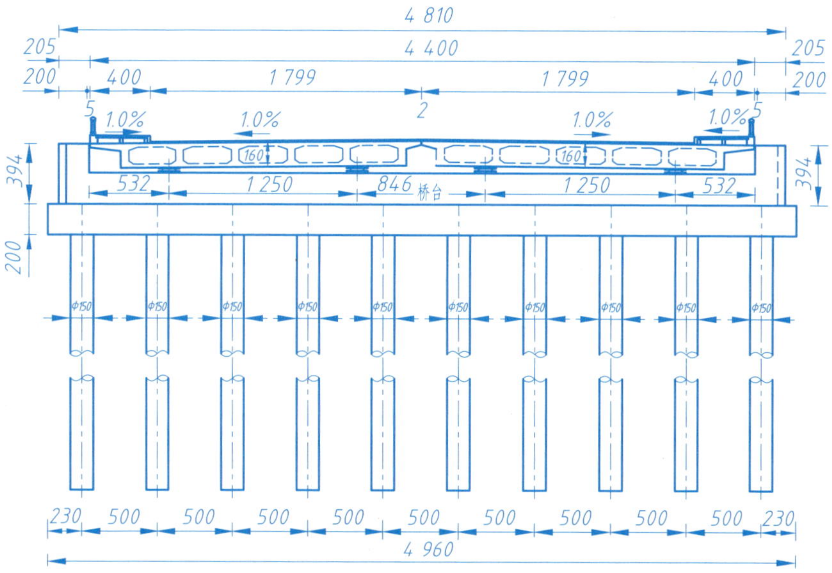

注:

1. 图中尺寸均以cm计。
2. 桥梁沿桥梁中心线共分为两幅。
3. 两幅桥预留2 cm纵缝。

12.2 涵洞图

作业要求：根据涵洞的轴测绘制视图。

1. 以1∶200的比例在坐标纸上绘制草图。要求正立面图和侧立面图分别绘制成半剖视图，并标注尺寸。
2. 以1∶150的比例在A2幅面图纸上绘制涵洞工程图。

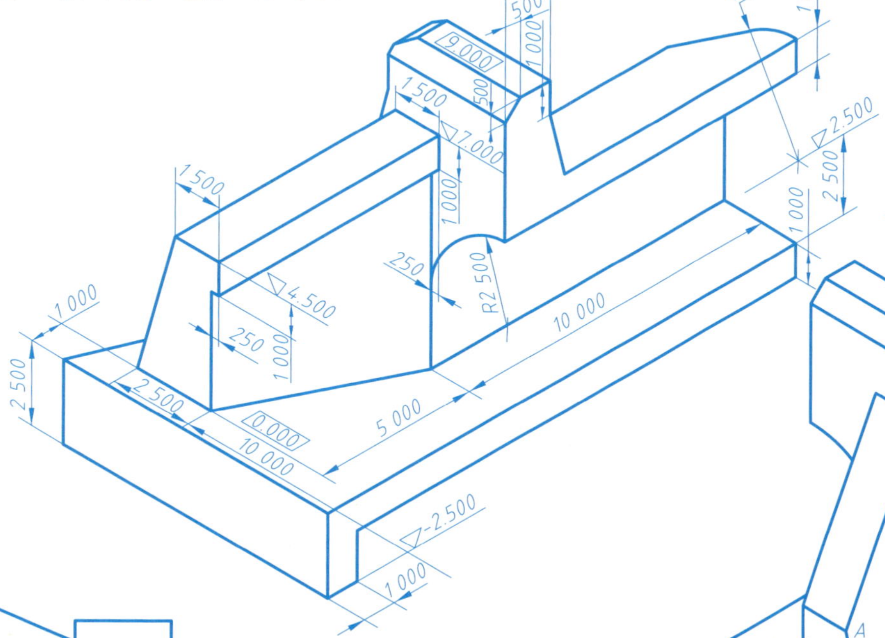

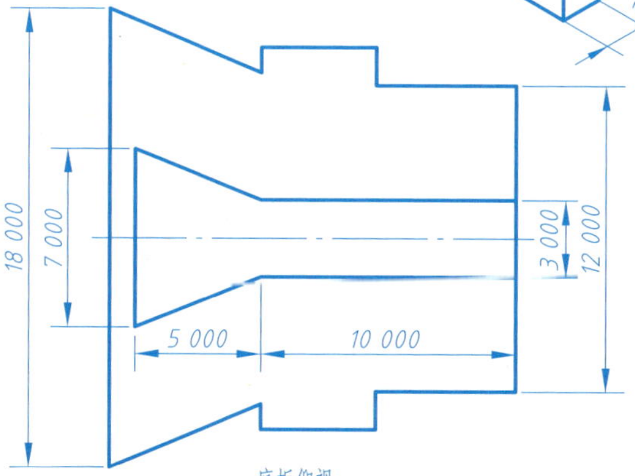

底板仰视

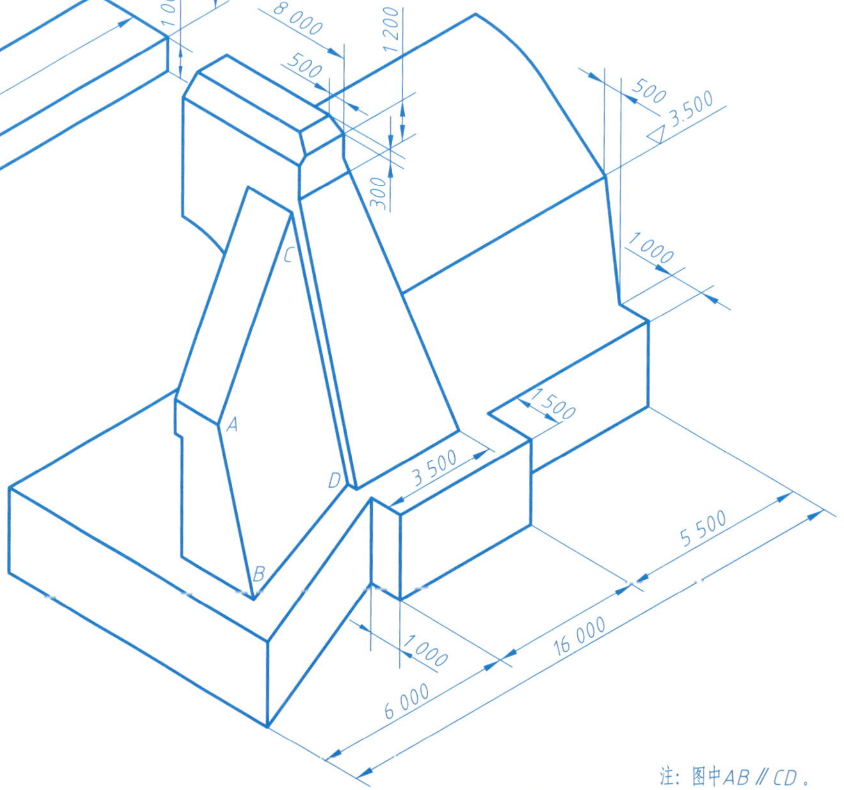

注：图中AB∥CD。

1. 进水闸。

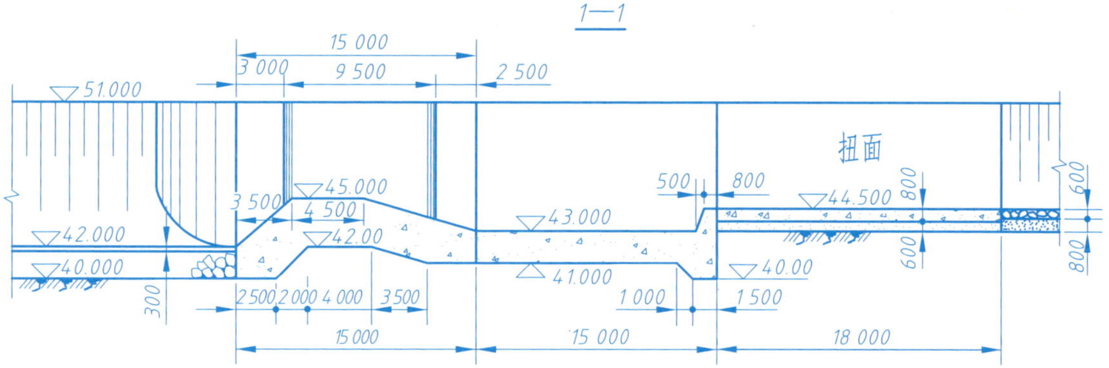

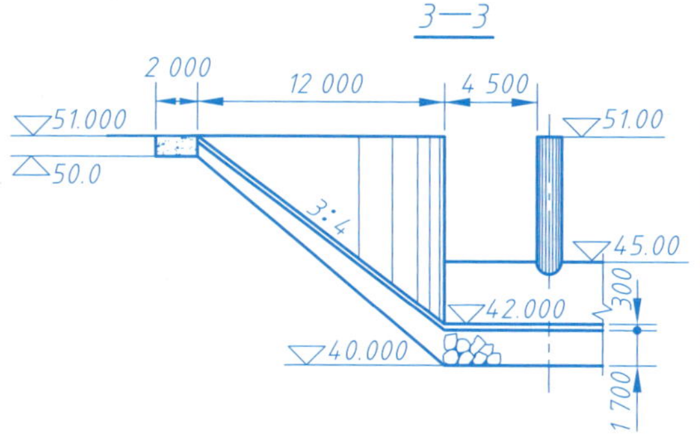

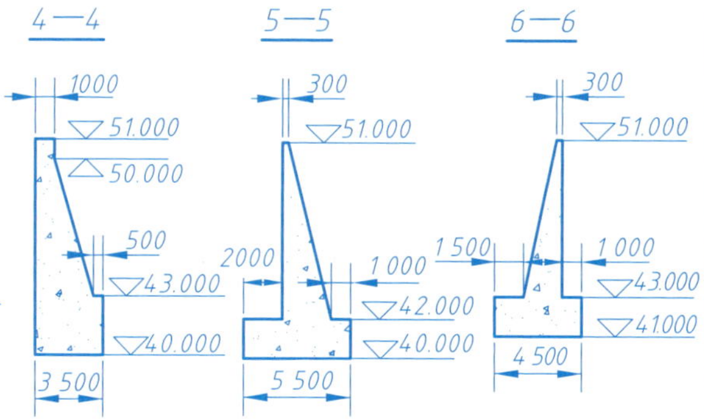

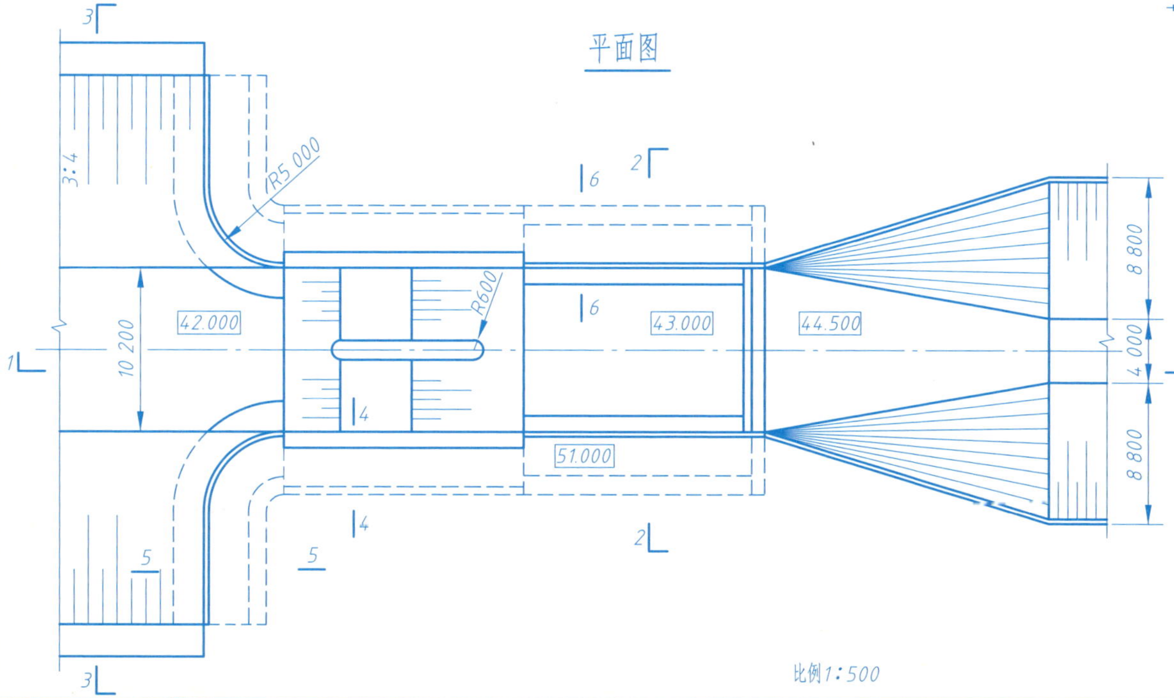

作业要求:

1. 读懂进水闸结构图。
2. 在A2幅面图纸内用1：200的比例绘制图样。
3. 完成2—2剖视图。

班级:________ 姓名:________ 学号:________

2. 有底孔溢流坝。

A—A 1:500

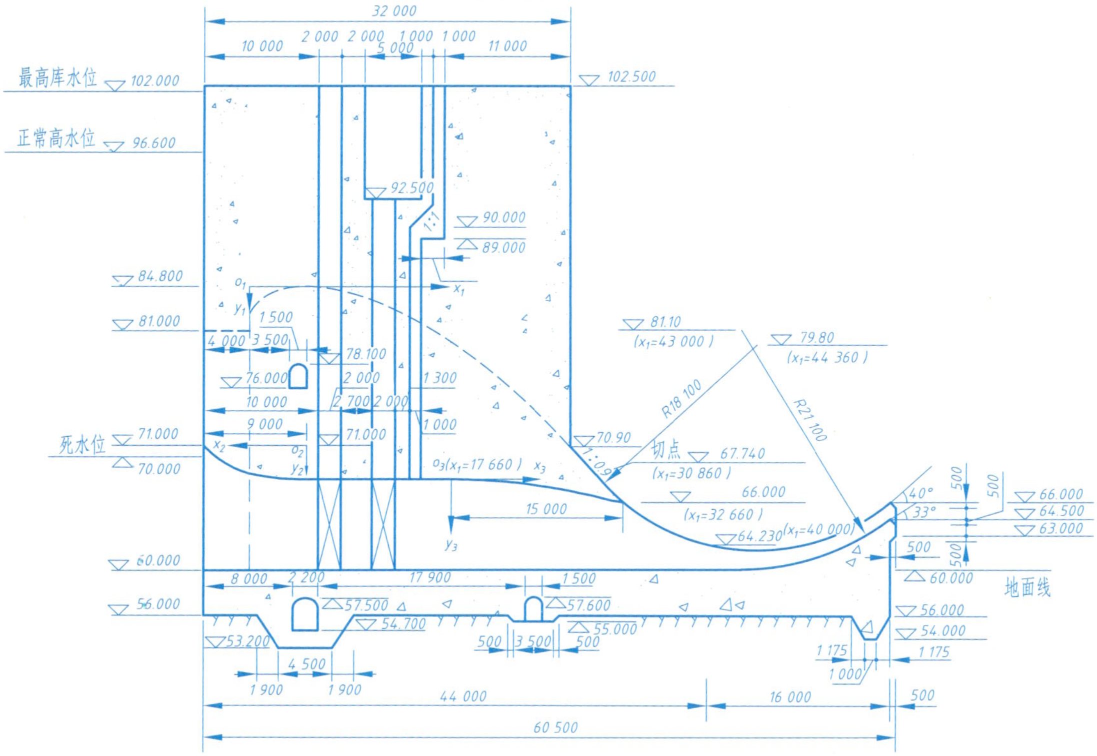

平面图 1:500

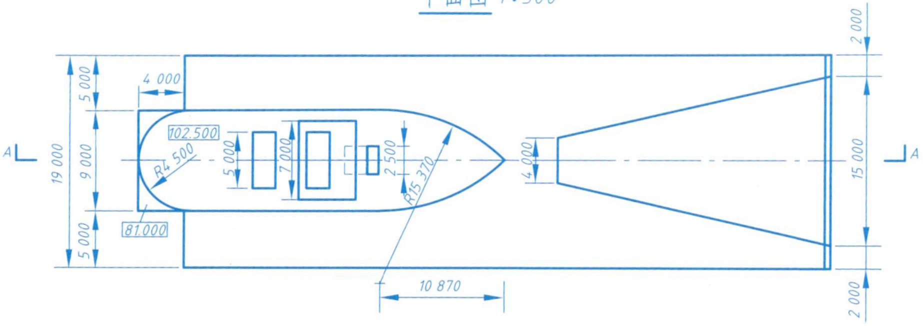

溢流堰曲线坐标

x_1/mm	0	1 700	3 400	5 100	6 800	8 500	10 200	11 900	13 600
y_1/mm	2 140	610	120	0	100	425	1 020	1 670	2 500
切点	82 660	84 190	84 680	84 800	84 700	84 375	83 780	83 130	82 300
x_1/mm	15 300	17 000	18 700	20 400	22 100	23 800	25 500	27 200	28 050
y_1/mm	3 360	4 350	5 470	6 680	8 060	9 600	11 320	12 990	13 900
切点	81 440	80 450	79 330	78 120	76 760	75 200	73 480	71 810	70 900

进口曲线 $y^2=9-x^2/9$（尺寸代入单位为m）

x_2/mm	0	1 000	2 000	3 000	4 000	5 000	6 000	7 000	8 000	9 000
y_2/mm	3 000	2 981	2 925	2 828	2 687	2 494	2 236	1 886	1 374	0

出口曲线 $y=0.00889x^2$（尺寸代入单位为m）

x_3/mm	0	5 000	6 000	7 000	8 000	9 000	10 000	11 000	12 000	13 000	14 000	15 000
y_3/mm	0	222	320	436	569	720	889	1 076	1 280	1 502	1 742	2 000

作业要求：

在A3幅面图纸内以1：500的比例绘制坝墩平面图和剖视图。